U0171718

专业法式甜点制作教科书
底坯篇

主　编　王　森

主　审　王　子

副主编　张婷婷　栾绮伟

参　编　王子剑　霍辉燕

　　　　于　爽　向邓一

　　　　张　姣　张娉娉

机械工业出版社
CHINA MACHINE PRESS

法式甜点以浪漫和优雅闻名于世,丛书将法式甜点进行拆解,全方面解析法式甜点的各个组成部分。本书从法式甜点的底坯入手,用充足的理论知识加配方精准的实践产品,全方面介绍了法式甜点底坯的分类、调制方法以及各自适配的产品,包括非面团类底坯、面团类底坯2大类18小类86种底坯。每种底坯皆包含基础介绍、材料分析、底坯特点、配方、制作解析、产品实践等,用科学的方式带你了解法式甜点的底坯知识。

本书可供专业烘焙师学习,也可作为烘焙"发烧友"的兴趣用书,还可作为西式面点师短期培训用书。

图书在版编目(CIP)数据

专业法式甜点制作教科书. 底坯篇 /王森主编. — 北京:
机械工业出版社,2023.5
(跟大师学烘焙系列)
ISBN 978-7-111-72788-0

Ⅰ.①专… Ⅱ.① 王… Ⅲ.①甜食 – 制作 – 教材
Ⅳ.①TS972.134

中国国家版本馆CIP数据核字(2023)第046326号

机械工业出版社(北京市百万庄大街22号 邮政编码100037)
策划编辑:卢志林 范琳娜 责任编辑:卢志林 范琳娜
责任校对:韩佳欣 梁 静 责任印制:张 博
北京华联印刷有限公司印刷
2023年9月第1版第1次印刷
210mm × 260mm · 16印张 · 2插页 · 313千字
标准书号:ISBN 978-7-111-72788-0
定价:98.00元

电话服务 网络服务
客服电话:010-88361066 机 工 官 网:www.cmpbook.com
     010-88379833 机 工 官 博:weibo.com/cmp1952
     010-68326294 金 书 网:www.golden-book.com
封底无防伪标均为盗版 机工教育服务网:www.cmpedu.com

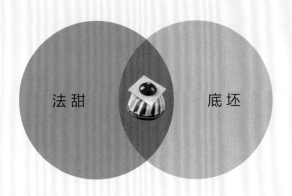

法甜   底坯

甜品的底坯

甜品制作中，基本层次可以分为底坯、馅料、贴面装饰和表面装饰，各个层次都在甜品组装中发挥着自己的作用与价值，可以是支撑作用、补充作用、平衡作用或装饰作用，层次之间相互配合共同组成一个完整的产品。

在诸多的组合层次中，基本上大部分甜品（除杯子甜品、盘式甜点）都离不开底坯的组合制作，因为底坯有其独特的支撑性和质感，在产品组合和制作中有不可替代的功能。

多数底坯依托不同的模具可以作为单独的产品，是常温甜品中较常见的产品类型，如海绵蛋糕、戚风蛋糕等。底坯作为产品组合层次时，需要考虑其质地、口感、色彩、形状等对产品整体的影响，可以在其基础上填充馅料，或者作为装饰的基底，给产品搭建一个施展的空间和场地。底坯作为甜品装饰和架构的一部分，需要同甜品的其他层次互相搭配，整体感官和口感协调，也需要其在常温下依然是固体形状，支撑性不被削减。

那么，甜品组合中使用的底坯具体包含哪些特性呢？
我们可以从"底坯"的功能性来对其进行定义。
1. 有稳定的形状，正常状态下呈固体。
2. 温度对其影响较小或无影响。
3. 有支撑能力，不易变形。
4. 有口味特点。
5. 有质地特点。
6. 可以通过制作方法改变形状。
7. 有颜色特点。
8. 有成为单独产品的基础能力。

多数底坯通过烘烤或冷冻来进行最后的固形，在固形之前，质地有明显区别，有的呈面糊状或散沙状，有的呈面团状。为了更好地理解，我们把底坯分为非面团类和面团类两大类。
两类底坯的制作材料大同小异，不过材料的干湿性占比有较大差别，制作方法也各有特性，呈现出来的质地口感有较大的差别。

目　录

非面团类底坯

面团类底坯

非面团类底坯

蛋糕类底坯

蛋糕类底坯基础

蛋糕类底坯是最常见的底坯之一，制作简便快捷，风味、质感和色彩多变，组装方便。蛋糕类底坯的质地或软，或扎实，或具有弹性，可以用作甜品的底层支撑，也可以用作甜品的中心夹层。常见蛋糕类底坯有海绵蛋糕底坯、重油蛋糕底坯、热那亚底坯、无粉巧克力底坯、戚风蛋糕底坯、达克瓦兹底坯等。

蛋糕类底坯的主要特点

1. 主要材料相同

鸡蛋、糖、面粉等功能性材料用不同的组合方式，可以形成不同类型的蛋糕底坯。

2. 主要制作方式相同

大部分蛋糕类底坯都是利用鸡蛋的发泡性、面粉的支撑性制作而成，通过打发、混合形成带有膨胀性质的面糊，之后经过烘烤使之成熟。

蛋糕类底坯的质量

基于蛋糕类底坯的制作特点，其口感和质地有一定的相似性。

1. 蛋糕类底坯口感——紧实或蓬松

将海绵、戚风等蛋类打发蛋糕与磅蛋糕等黄油类产品做对比的话，不难看出，首先，主要材料的膨发度和含水量直接影响产品的主要口感特点；其次，与面粉的搅拌程度及是否有蓬松性质的材料加入等都有一定程度的关联。

1）油性材料。油性材料多，会增加紧实度，油性材料有可可粉等（可可粉中含有一定的油脂）。

2）蓬松材料。在烘焙制作中，常用的非添加剂性质的蓬松材料是玉米淀粉，添加一些玉米淀粉可以降低蛋糕面糊整体的筋度，使产品更加蓬松。而且，淀粉比例的增加可以加大蛋糕在烘焙过程中的糊化程度，增加松软感，也有利于产品的定型。

3）面粉材料。一般蛋糕制作中使用低筋面粉，其蛋白质含量较低，在制作过程中产生的面筋较少，利于面糊在烘烤中膨胀。

4）打发方式和程度。搅拌过度，会使材料锁住空气的能力减弱或消失，在烘烤中膨胀性能减弱，产品口感会变得粗糙。同时，打发过快会导致气泡大小不均匀，也会影响口感。

2. 蛋糕类底坯口感——湿润或干燥

不同的蛋糕底坯要求是不同的，有些偏湿润，有些偏干燥。哪些材料或工艺会影响结果呢？主要与以下几点有关：

1）糖的用量。包含蔗糖、淀粉糖及蜂蜜等糖类，糖具有吸湿性能和保湿性能。糖用量不足，对产品的湿润度有影响。所以不要随意减少配方中的糖量。

2）油脂的用量。一定比例的油脂可以减少产品中的水分挥发，增加产品的湿润度。

3）烘烤方式和时间。烘烤时间过长会使产品中的水分过度蒸发，成品干燥；同时，带有热风循环系统的烤箱也会加速水分的蒸发。

3. 蛋糕外皮的色彩

蛋糕材料中含有多种蛋白质、氨基酸和糖，在高温环境下会发生各种形式的变色反应，使产品颜色发生较大的变化。主要体现在非酶褐变反应上，非酶褐变是指不需要酶的作用而产生的褐变，主要有焦糖化反应和美拉德反应两类。

1）焦糖化反应是指在食品加工过程中，在高温的条件下促使含糖产品产生的褐变，反应条件是高温、高糖浓度。

2）美拉德反应指含有氨基的化合物（氨基酸和蛋白质）与含有羰基的化合物（还原糖类）之间产生褐变的化学反应。

4. 蛋糕外皮的厚度

无论使用何种模具或烤盘，经过烘烤之后，产品表面都会形成一层外皮。

这是因为产品在入炉后，烤箱内部的温度由外及里在面团整体中传导，表层的水分通过蒸发逐渐消失，直至完全失去。最外层无水时，"表皮"会继续向内部"占领区域"，直至烘烤完成，形成肉眼可见的表皮。表皮的厚度与烘烤时间和温度有直接关系。

一般情况下，烘烤时间越长，表皮越厚；烘烤温度越高，表皮越厚。

5. 蛋糕类底坯对比

蛋糕类底坯在打发全蛋、分别打发蛋黄和蛋白的基础上，进行材料混合，使用的材料和制作技法近似或相同。

其中全蛋海绵蛋糕、分蛋海绵蛋糕和戚风蛋糕是非常近似的蛋糕底坯，基本对比如下：

小贴士

蛋糕制作常用的还原糖包含葡萄糖、果糖、麦芽糖、乳糖、转化糖（葡萄糖+果糖）。

蛋糕外皮的色彩与产品的含糖量有直接关系，与含高蛋白质和氨基酸材料（如鸡蛋）也有关系。

全蛋海绵蛋糕、分蛋海绵蛋糕、戚风蛋糕

不同点	全蛋海绵蛋糕	分蛋海绵蛋糕	戚风蛋糕
打发材料	1. 全蛋 2. 全蛋+蛋黄	1. 蛋白+蛋黄 2. 蛋白	蛋白
混合方式	在材料打发基础上，添加其他材料进行混合	1. 蛋白与蛋黄分开打发，再混合，之后混合粉类等其他材料 2. 蛋白打发，再依次加蛋黄、粉类等其他材料	蛋黄与其他材料混合，最后与打发蛋白混合
材料	牛奶、油脂可加可不加		一般都会加入牛奶、油脂

另外，从干性材料占比也可以看出多种蛋糕底坯之间的大致区别，具体如下：

干性材料占比

非面团类底坯

在非面团类底坯制作中，干性材料能赋予产品"干"的特性，可以吸收水分，是产品的基础支撑，多以粉状、颗粒状等形式展示。

干性材料需要与湿性材料混合才能溶解，产生特定的作用。

常见制作中，面粉、可可粉、抹茶粉、糖、糖粉、奶粉等用得比较多。

除泡芙、马卡龙和特殊底坯外，其他都是常用的蛋糕类底坯。

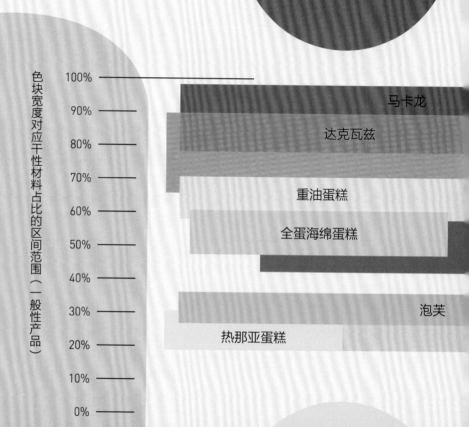

马卡龙

以蛋白霜制作为基础，混合坚果粉制作的非面团类底坯
干性材料：70%~75%

色块宽度对应干性材料占比的区间范围（一般性产品）

100%
90%
80%
70%
60%
50%
40%
30%
20%
10%
0%

马卡龙
达克瓦兹
重油蛋糕
全蛋海绵蛋糕
泡芙
热那亚蛋糕

热那亚蛋糕

以杏仁膏和打发全蛋为膨发基础
干性材料：10%~20%

蛋白饼

以打发蛋白为膨发基础，
混合其他材料（无面粉）
干性材料：50%~70%

达克瓦兹

以打发蛋白为膨发基础，
混合坚果粉
干性材料：60%~70%

重油蛋糕

以打发黄油为膨发基础，混合其他材料
干性材料：50%左右

无粉巧克力蛋糕（可可粉款）

以打发蛋白为膨发基础，无面筋蛋白的
底坯制作
干性材料：50%左右

杏仁海绵蛋糕

以打发蛋白为膨发基础，混合坚果TPT粉
干性材料：50%左右

全蛋海绵蛋糕

以打发全蛋为膨发基础，混合其他材料
干性材料：35%~45%

分蛋海绵蛋糕

以乳化/打发蛋黄、打发蛋白为膨发基
础，混合其他材料
干性材料：30%~50%

蛋白饼

粉巧克力蛋糕（可可粉款）　杏仁海绵蛋糕

蛋海绵蛋糕　　　　戚风蛋糕

无粉巧克力蛋糕（巧克力款）

戚风蛋糕

以糊化面粉为重要制作过程，添加其他
材料制作成特殊质地的非面团类底坯
干性材料：30%~40%

泡芙

以糊化面粉中的淀粉为重要制
作过程，添加其他材料制作成
特殊质地的非面团类底坯
干性材料：20%左右

无粉巧克力蛋糕（巧克力款）

以打发蛋白为膨发基础，无面
筋蛋白的底坯制作
干性材料：10%~20%

基础材料作用与用量介绍

鸡蛋

鸡蛋在甜品制作中是基础材料之一，其独特的物理性质对于甜品制作有着不可替代的作用。在甜品制作中，鸡蛋的使用方式有蛋白、蛋黄、全蛋。

蛋白

蛋白中的水分占比约为90%，其他10%几乎全是蛋白质，还含有微量维生素、脂肪、矿物质和糖分，是最常见的高蛋白食物之一。

蛋白的打发是通过外力作用对蛋白中的蛋白质进行物理变性的过程，结果使蛋白质分子产生变化，形成一种较为立体的网络结构，能够包裹进入蛋白中的空气，使蛋白变得丰盈。

- 以打发蛋白为膨发基础的代表产品：戚风蛋糕。

蛋黄

蛋黄重量占鸡蛋重量的20%左右，蛋黄中的成分比蛋白要复杂一些，除了水分和蛋白质之外，还含有脂肪、矿物质和维生素等。脂肪会阻碍蛋白质与空气、水的泡沫结构形成，影响打发。另外，蛋黄中还有卵磷脂，卵磷脂既有亲水基，又有疏水基，它同样会对蛋白泡沫起到阻碍作用。但是作为一种天然乳化剂，卵磷脂有助于水性液体和油脂类材料融合。蛋黄比例越多，蛋糕质地越细腻。

- 以打发蛋黄为膨发基础的代表产品：分蛋海绵蛋糕。
- 以乳化蛋黄为混合基础的代表产品：无粉巧克力蛋糕。

全蛋

全蛋的使用效果需要结合蛋白和蛋黄的综合功能来看，从起泡性上来看，蛋白>全蛋>蛋黄；从混合能力上看，蛋黄>全蛋>蛋白。

- 以打发全蛋为混合基础的代表产品：全蛋海绵蛋糕。

鸡蛋的添加量与产品质量之间的关系

从整体来看，蛋白优越的起泡性和蛋黄的乳化性对于不同的产品制作有着不同的作用，选择合适的组合方式和混合方式可以达到较为理想的效果。同时，鸡蛋富含优质蛋白质，制作蛋糕可以提升蛋糕的营养价值和香气，赋予其金黄的色泽。

减少蛋的用量对蛋糕体的影响体现在如下三个方面：

1. 蛋糕体积不足

蛋糕体的膨胀主要来自搅打入鸡蛋中的空气，如减少鸡蛋的使用量，会造成气泡发泡量不足，影响蛋糕体的膨胀度，无法烘烤出体积较大的蛋糕。

2. 蛋糕柔软度不佳

在蛋糕制作中，蛋白质受热凝固、淀粉糊化都需要水分，鸡蛋的减少意味着水分随之减少，淀粉糊化不充分蛋糕就无法形成柔软的口感。

3. 增加失败的风险

蛋白与蛋黄或全蛋都有重要作用，如果减少用量，作用也会减弱，增加失败的风险，或者产品特点会减弱。

代表产品：热那亚蛋糕（全蛋）、重油蛋糕（全蛋）

40%
20%
占比20%~40%

特点说明： 这类底坯的共同点是质地细密，较为扎实，支撑性比较好，但膨松度不如其他蛋糕类底坯，口感也偏厚重浓郁，油脂风味突出。

鸡蛋使用量对制作的影响如下：

（1）**热那亚蛋糕** 热那亚蛋糕因加入大量的杏仁膏而散发出浓郁的杏仁香味，坚果的油脂赋予底坯湿润的口感，虽质地细密但不失柔软和弹性。添加了杏仁膏，湿性材料占比量较大，达到80%以上，面粉添加量较少，体积膨胀主要依靠打发鸡蛋和杏仁膏形成。减少鸡蛋用量会降低气泡产生量，影响蛋糕体的膨胀度，底坯的弹性会随之降低。

（2）**重油蛋糕** 对于重油蛋糕，鸡蛋的添加量一般在20%~25%。如果改变鸡蛋的用量，对于不同方式制作出的产品影响也不尽相同。

● 面糊类重油蛋糕：鸡蛋的作用主要是热凝固性和乳化性，热凝固性可以维持重油蛋糕稳固；乳化性可以将油脂和其他液体如牛奶、果汁等维持均匀稳定的状态。减少鸡蛋用量会造成乳化不充分、组织粗糙、松散。

● 打发黄油类重油蛋糕：加入的鸡蛋用量减少，同样会削弱鸡蛋的乳化性，使油脂无法均匀分散在面粉中，无法形成细腻的组织。

● 打发鸡蛋类重油蛋糕：减少鸡蛋使用量会直接削减鸡蛋的发泡量，导致蛋糕体积膨胀不足，膨松感弱化，蛋糕的组织扎实、干燥。

制作重油蛋糕不建议减少鸡蛋的用量，在维持鸡蛋用量的情况下可以调整其他材料的用量。

代表产品：达克瓦兹（蛋白）、蛋白饼（蛋白）

40%
30%
占比30%~40%

特点说明： 以打发蛋白为膨发基础，将蛋白打发制作而成。高蛋白含量也就意味着高含水量，烘烤后口感偏干，比较松脆。

（1）**达克瓦兹** 达克瓦兹的膨发最主要依赖打发蛋白。减少蛋白的添加量，发泡量会降低，发泡量不足将无法支撑占比约为65%的坚果粉和糖粉等干性材料，气泡会被粉类压塌，导致底坯丧失轻盈的质地和膨松的口感，形成干硬的底坯。

（2）**蛋白饼** 蛋白饼以蛋白与砂糖混合打发成法式蛋白霜为主要膨发基础。在糖量不变的情况下，减少蛋白的用量同样会造成气泡量的削减，蛋白饼的膨松度会降低，打发的蛋白霜黏度增大会使底坯口感变硬，无松脆轻盈感。

代表产品：海绵蛋糕类（一般性，全蛋/蛋白+蛋黄）、戚风蛋糕（一般性，蛋白+蛋黄）

60%
30%
占比30%~60%

特点对比如下：

● 膨胀度对比：戚风蛋糕 ≈ 分蛋海绵蛋糕 > 全蛋海绵蛋糕 > 杏仁海绵蛋糕。

海绵蛋糕有多种分类，其中膨胀度最好的是分蛋海绵蛋糕，其主要依靠打发蛋白来进行膨胀，与之相似的还有戚风蛋糕。

● 支撑性对比：杏仁海绵蛋糕 > 全蛋海绵蛋糕 > 分蛋海绵蛋糕 > 戚风蛋糕。

杏仁海绵蛋糕因为加入了大量坚果粉，坚果香味浓郁的同时提升了口感的湿润度，质地松软且富有弹性，所以其支撑性也较高。

● 含水性对比：戚风蛋糕 > 分蛋海绵蛋糕 ≈ 全蛋海绵蛋糕 > 杏仁海绵蛋糕。

戚风蛋糕的鸡蛋添加量在40%~50%，水分含量较大，所以其质地最为轻盈，口感极为软绵。

● 含油脂量对比：杏仁海绵蛋糕 > 戚风蛋糕 ≈ 分蛋海绵蛋糕 ≈ 全蛋海绵蛋糕。

一般底坯制作中，可以加入黄油或植物油来丰富蛋糕的风味和口感，但是杏仁海绵蛋糕中的油脂成分还来自杏仁膏等材料，风味也更加浓郁。

代表产品：无粉巧克力蛋糕

60%
50%
占比50%~60%

无粉巧克力蛋糕有两大类：第一种以可可粉为主要风味材料；第二种以黑巧克力为主。

相比其他底坯来说，无粉巧克力蛋糕显得比较特殊。因为是无面筋蛋糕，支撑性需要依靠其他材料，膨胀性来自鸡蛋的起泡性，减少鸡蛋用量会进一步削弱底坯的膨胀度。

在使用可可粉制作时，需要特别注意可可粉的吸水性，与使用黑巧克力制作的底坯对比来看，鸡蛋使用占比要高一些。鸡蛋减少的话水分也相对减少，底坯的轻盈质感、口感的湿润度和弹性均会受到影响。

糖

糖是甜品制作中最主要的调味品，也是甜品制作中不可或缺的功能性材料。

在甜品制作中，蔗糖和淀粉糖是常用的两类糖。以甘蔗、甜菜或原糖为原料生产的糖类，如白糖及其制品、上白糖、绵白糖、糖粉等属于蔗糖。黑糖/红糖、赤砂糖、三温糖、冰片糖、原糖、糖蜜、部分转化糖、槭树糖浆等是在蔗糖生产的基础上衍生出来的糖类品种。

淀粉糖是以淀粉或含淀粉的原料，经酶和（或）酸水解制成的液体、粉状（结晶）的糖，如葡萄糖、葡萄糖浆、葡萄糖浆干粉（固体玉米糖浆）、海藻糖、麦芽糖、麦芽糖浆、果糖、果葡糖浆、固体果葡糖、麦芽糊精等。

糖具有以下几个主要作用。

（1）**增加蛋糕的甜味**　这是甜品的基础口味。

（2）**糖具有吸水性**　加入糖可以保持蛋糕湿润的质地。糖的保水性可以使蛋糕面糊在烘烤的过程中有效锁住水分、延缓淀粉的老化，使蛋糕可以长时间维持润泽的口感。

（3）**稳定打发泡沫**　糖可以使蛋白泡沫构建更稳定的网络结构，延缓泡沫崩解的时间，提高泡沫的稳定性（因为糖能增大泡沫的密度值，可以更有效地增加泡沫的紧密性，抑制蛋白泡沫消泡）。

（4）**着色、增味**　加入糖的蛋糕糊经过烘烤发生焦化作用，形成美拉德反应，赋予蛋糕香味和诱人的色泽。

糖的使用量对于蛋糕的影响

在蛋糕的制作中，根据不同的蛋糕特点，糖的使用量会有很大的不同，一般在5%~70%。

5%
占比5%左右

代表产品：热那亚蛋糕

特点：主要材料中有一定的含糖量。

热那亚蛋糕中直接使用的糖量较少，但制作中使用了约40%的杏仁膏（杏仁膏是由坚果和糖制作而成，有一定的含糖量），所以甜度是有一定保障的。

直接使用的糖量在底坯制作中主要用于打发全蛋，有利于鸡蛋起泡和泡沫稳定性。

减少本就添加量极少的糖，不利于全蛋的打发和维持泡沫的稳定性。但也不宜增加过多，会使口味过甜，影响食用效果。

20%
10%
占比10%~20%

代表产品：戚风蛋糕、无粉巧克力蛋糕（巧克力款）

特点：糖对产品的膨胀有直接影响。

1. 戚风蛋糕

戚风蛋糕的膨胀来源于蛋白的打发，其泡沫的稳定性直接影响产品成功与否。

首先，增加糖量在一定程度上可以增加泡沫的稳定性；减少糖量会削弱打发蛋白的稳定性，混合蛋黄糊时会增加消泡的风险。

其次，减少糖量会削弱糖的保湿作用，锁水性降低的话，面糊的水分会挥发过快，烘烤后的蛋糕组织湿润度降低，蛋糕保质期缩短。

2. 无粉巧克力蛋糕

无粉巧克力蛋糕无面筋支撑，打发蛋白的膨胀稳定性尤为重要，削减糖量不利于维持蛋白发泡的稳定性，底坯膨发度不高。

代表产品：海绵类蛋糕、重油蛋糕

30%
20%

占比20%~30%

1. 海绵类蛋糕

除细砂糖以外，在全蛋海绵蛋糕和分蛋海绵蛋糕制作中还会使用到蜂蜜、转化糖等吸水性、保水性更强的糖制品，糖的添加量一般为鸡蛋的60%~80%。

减少砂糖用量（少于鸡蛋的60%）对蛋糕的影响如下：

1）打发形成的气泡较大，发泡质地蓬松轻盈，蛋糊光泽度低，支撑蛋糕的力度不足。

2）会降低鸡蛋发泡的稳定性，气泡容易崩塌，气泡留存量不足会造成蛋糕的膨胀度降低、体积变小。

3）蛋糕体柔软度降低，组织缺乏弹性，烘烤之后的蛋糕表皮会较厚。

4）保水性作用减弱，面糊在烘烤中水分蒸发速度加快，蛋糕组织会变得干燥且松散，丧失湿润的口感。

5）加快蛋糕的老化，湿润的口感无法持久保留，蛋糕的保质期也随之缩短。

增大砂糖用量（大于鸡蛋的80%）对蛋糕的影响如下：

蛋白中有近90%的水分。糖是颗粒状的，随着搅打摩擦，糖会慢慢溶入水中，这个过程中水的密度就会慢慢变化，水的黏性慢慢增大，在蛋白质网络构建过程中，因为糖的缘故，水分也会较难流失，即糖的加入给水分逃离泡沫网络又加了一道坎。

但是过多的糖也会阻碍气泡的形成。当糖的量过了一定程度，其黏性会使气泡变小，制作出的蛋糕膨胀度会降低，蛋糕组织扎实且容易出现大的空洞层。所以改变砂糖用量的同时需要调整鸡蛋、面粉等材料的配比。

2. 重油蛋糕

对于材料基本等比的重油蛋糕，减少糖的使用量首先会使甜度降低，其次会降低泡沫的稳定性。在一定程度上削弱蛋糕湿润度、缩短了最佳食用期限。

重油蛋糕的制作中糖的加入量不建议低于鸡蛋的60%。

代表产品：无粉巧克力蛋糕（可可粉款）

40%
20%

占比20%~40%

加入可可粉制作的无粉巧克力蛋糕，糖的加入量在20%~40%，可可粉本身含有油脂，具有消泡性，减少糖量意味着降低气泡的稳定性，加入可可粉会进一步增加消泡的可能性，使本就无支撑性的底坯膨胀度变得更低。

代表产品：达克瓦兹

40%
30%

占比30%~40%

达克瓦兹的糖占比是砂糖和糖粉的总和，糖粉与杏仁粉配比成杏仁TPT是达克瓦兹最大的特色材料，减少糖的用量会削弱蛋白泡沫的稳定性，当大量富含油脂的杏仁粉加入稳定性不佳的打发蛋白中时，会增加蛋白霜消泡的风险，影响底坯轻盈膨松的质感。

减少糖粉会影响底坯整体的口感，削弱其最大的特色——烘烤之后表皮会有一层薄薄的糖壳、微脆。

代表产品：蛋白饼

70%
60%

占比60%~70%

这是使用糖量比较高的底坯类型。膨胀度完全依靠打发蛋白，使用材料少，在烘烤过程中水分会逐渐散失，产品呈现干脆的口感。

减少糖分会削弱蛋白泡沫的膨胀度和稳定性，在与糖粉混合过程中，会增加消泡的风险，对产品的干脆度和膨胀度有影响。大量减少糖分会使产品的特色消失。

面粉

完整的一颗小麦，由四部分组成：顶毛（小麦须）、胚乳、麦芽和麸皮。其中顶毛在最初小麦脱粒时就已去除，剩余的三部分是制作面粉最主要的成分来源。

● **小麦的胚乳**：这是面粉制作的主要来源，含有大量的淀粉和蛋白质。

● **小麦的麦芽**：麦芽是小麦发芽和生长的器官，有大量的脂肪和脂肪酶，这些物质在面粉的储藏过程中极易发生变质。

● **小麦的麸皮**：小麦的麸皮分为外皮和种子种皮，其中外皮的灰分（矿物质）含量在1.8%~2.2%，种子种皮的灰分含量在7%~11%。也可以说，麸皮的含量在面粉中可以对应灰分的含量。在法国，灰分含量是面粉的分类依据。

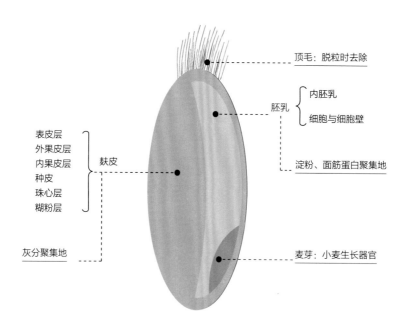

我们日常说的低筋面粉、中筋面粉和高筋面粉等的分类依据来自小麦中的蛋白质。

小麦蛋白质存在于小麦的各个层面中，总的蛋白质含量在8%~16%，其中以麦白蛋白、球蛋白、麦胶蛋白和麦谷蛋白为主。

麦白蛋白和球蛋白易溶于水，继而容易发生流失。

麦胶蛋白和麦谷蛋白多存在于小麦粒的中心部位，占总蛋白质含量的80%左右，且不溶于水，也称为面筋蛋白。不过两种蛋白质的"作用点"是不一样的。麦胶蛋白有很好的伸展性和较强的黏性，但不具有弹性。麦谷蛋白具有弹性，但缺乏伸展性。

蛋糕制作需要绵软、疏松，而面包制作则追求韧性，所以在面粉选择上会有很大的不同。在甜品制作中，我们常用的是低筋面粉。

种类	蛋白质含量	适用产品
特高筋面粉	14%以上	油条、通心面等较筋道的食物
高筋面粉	13.5%左右	面包、面条等筋道和有弹性的食物
中筋面粉	8%~10.5%	包子、饺子、面条等家常食物
低筋面粉	8.5%以下	蛋糕、饼干等蓬松酥脆的点心

面粉的作用

面粉在蛋糕中的作用主要是支撑性，主要作用成分为蛋白质和淀粉，可以赋予蛋糕柔软且有弹性的质感。蛋糕制作中常用的粉类为低筋面粉，其蛋白质含量较低，颗粒细，有助于蛋糕形成酥松的口感。

- 面粉中的淀粉吸收其他材料的水分后经过加热糊化，以具有黏性的状态膨胀，形成柔软的蛋糕组织。经烘烤，水分蒸发，使蛋糕的结构得以稳固。
- 面粉同鸡蛋中的蛋白质结合形成具有柔软弹力的结构，可以支撑淀粉糊化形成的膨胀的蛋糕体。

面粉的添加量与产品质量之间的关系

10%
0%
占比≤10%

代表产品：热那亚蛋糕、杏仁海绵蛋糕、达克瓦兹

这类底坯的面粉使用量较少，甚至不使用，会用其他粉类代替，常用的是杏仁粉、榛子粉，底坯中的粉类总占比在20%~30%，坚果味道浓郁。

减少面粉的添加量，蛋糕体的支撑性会削减。

以热那亚蛋糕为例，其湿性材料占比大于80%，在此基础上如果再降低面粉量的话，用于糊化作用的粉量过少，会导致底坯结构不稳固、支撑力不足，制作完成的底坯无膨胀感、无弹性。

20%
15%
占比15%~20%

代表产品：戚风蛋糕、海绵蛋糕

在鸡蛋的发泡量维持不变的条件下，如果减少面粉用量，最直观的影响是蛋糕体变得更为轻盈，组织更为松软，但是蛋糕体的支撑性会弱。

如果面粉用量过多，组织会变得粗糙，弹性变差。

30%
20%
占比20%~30%

代表产品：重油蛋糕

制作重油蛋糕时，如果加大面粉的使用量，需要适当增加湿性材料或加入泡打粉帮助面糊膨胀。

因为面粉用量大于鸡蛋用量的话，面粉会吸收鸡蛋的水分，水分经由加热蒸发，变成水蒸气的量会减少，蛋糕体的膨胀度会随之降低。

黄油

黄油是牛奶经过搅拌、压炼等方式制作而成，在低温状态下稳定，呈现固体状态；而在温度高的环境下，脂肪会软化，甚至变为液体状态。

黄油的种类

不同品牌的黄油脂肪含量不一样，制作配方也不一样，所以有许多风味不同、硬度不同的黄油。

在黄油的加工制作过程中，可添加糖、盐、发酵菌种等，可得到不同风味的黄油。常见的有以下几种。

- **无盐黄油**：最常见的一种黄油类别，因为存在有盐黄油，这种无盐黄油也称为淡味黄油。
- **有盐黄油**：在黄油制作过程中加入1%~2%的盐，加盐后的黄油抗菌效果会增强，且风味有别于无盐黄油。
- **发酵黄油**：制作过程中加入乳酸菌等发酵菌种，黄油逐渐酸化，再经过加工制作成带有特殊香味的黄油品类。

除了以上外，还有一类黄油在甜点制作中比较常见，即澄清黄油。澄清黄油中除了油脂外，还有一些水分和牛奶固形物，加热过程中形成分层。

澄清黄油制作

1. 将黄油加热至完全熔化，表面出现浮沫，整体出现分层现象。

2. 离火，使用滤纸进行过滤，除去固形物和浮沫。

黄油中的成分复杂，所以烟点比其他食用油要低，焦化温度比较低。澄清黄油可以除去大部分固形物，剩余物的性质更稳定，烟点有一定提高，对于高温烘烤和烹调更加友好。而且澄清黄油的油脂比例更高，可以提高烘焙产品的酥松质感。

黄油对食品的作用

黄油可以使产品风味更加醇厚，具有很好的乳化性，可以"锁住"更多水分，使成品更加湿润、柔软、绵密，而且能延长产品保质期。

黄油是从牛奶中提取的物质，营养丰富。将黄油加入蛋糕中可以提升营养价值，赋予蛋糕奶香味。

黄油可以软化、湿润粉类，其乳化性可以使蛋糕更为柔软，延长产品的保质期。

黄油的添加量与产品质量之间的关系

无黄油
添加

代表产品：达克瓦兹 、蛋白饼

　　无黄油添加的蛋糕底坯质地轻盈、膨发感强，蛋糕组织呈干松感。

20%
15%
占比15%~20%

代表产品：除重油蛋糕和无油蛋糕的大多数底坯，如海绵蛋糕类、戚风蛋糕、无粉巧克力蛋糕（油脂非必须）

　　对于一般性底坯来说，黄油的加入对产品的风味和口感有好处，减少用量会导致产品整体滋润度不高，口感湿润度不佳，保质期缩减。

　　但也不宜使用过多的黄油，黄油量过多会对泡沫形成压力，减弱产品的膨胀能力，虽然也能形成相应的产品，但是产品应有的特性可能会消失。

25%
20%
占比20%~25%

代表产品：重油蛋糕

　　一般情况下，重油蛋糕的油脂含量在各类底坯中是最高的。

　　重油蛋糕的黄油、面粉、鸡蛋和糖的占比比较均衡，约为1：1：1：1，黄油的添加量总占比为20%~25%。

　　制作方法不同，重油蛋糕的膨发程度会不同，有时为了更好的膨胀度，需要添加一定的泡打粉。

　　无论何种方式制作的重油蛋糕，降低油脂使用量会导致蛋糕体的整体湿润度降低，黄油的厚重风味丧失，蛋糕的老化速度加快。

蛋糕类底坯的制作解析

材料的预处理

在制作前，需要明确所用材料的性质和制作流程，有些预处理可以提前完成，避免工序全部堆积在后期。

干性材料

制作蛋糕类底坯的干性材料常见的有各种粉类、砂糖等。粉类容易受潮、吸水成块，与液体材料混合时，会有不同程度的混合不匀，所以在预处理阶段可以先对粉类进行过筛，减少已经成块的粉类，而且在过筛中可以给粉类间隙增加空气，使粉类之间的"空间"更加"大"，更加蓬松，后期混合更加方便。

湿性材料（含油脂材料）

常见的湿性材料有蛋白、蛋黄、全蛋、牛奶、油脂等。蛋白与蛋黄的分离工作要利落，各自的承装器皿要干净，避免影响打发或混合状态。

对于特殊的液体材料，温度也是需要考虑的重要指标，如液体黄油。液体黄油与材料混合时，温度的高低直接影响黄油的状态，因为液体黄油在低温环境下流动会变差，甚至会重新凝固，影响面糊整体的流畅度，所以可根据配方流程预先做好相关材料的预加热工作，一般使其升温至50~60℃。

黄油、杏仁膏、奶油奶酪等相关材料的软化工作也可以放在预处理阶段，可以使用微波炉等工具，或者放在室温下进行回温。

打发

打发是借助外力使空气充入材料中，从而使材料达到蓬发的状态。蛋糕类底坯制作中，常使用的打发材料是蛋白、全蛋及黄油。

蛋白打发

蛋白重量约占鸡蛋总重量的60%，里面含有丰富的水，普通状态下呈胶状的液体状态，围绕在蛋黄周围。

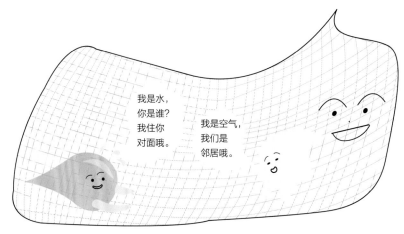

蛋白质网络结构趣味图

蛋白中的水分占比约为90%，其他的10%几乎全是蛋白质，只有微量的维生素、脂肪、矿物质和糖分。足量的蛋白质通过机械搅打发生蛋白质变性，形成新的蛋白质网络结构，给空气和水一个相对稳定的状态，形成蛋白泡沫。

在打发的过程中，糖的加入可以帮助蛋白泡沫构建更稳定的网络结构，延缓泡沫崩解的时间，提高泡沫的稳定性。因为加糖能增大泡沫的密度值，可以更有效地增加泡沫的紧密性。

但是从另一方面来看，糖分能增大泡沫的稳定性和紧密性，也就意味着糖有延缓蛋白网络变化的作用，所以在初期，糖的加入会影响蛋白打发的速度，使打发时间延长。

总之，糖对蛋白泡沫打发具有双向抑制的作用，且糖与蛋白在搅打过程中接触得越久，黏性越大，形成的泡沫越硬。有效利用这些特点，分三次加糖是比较常用的打发方法，是为了追求稳定、质量和打发速度之间平衡的一个小技巧。

注：为什么在打发蛋白时加入酸性材料？

在蛋白的打发中经常加入酸性材料如塔塔粉、柠檬汁或白醋。

作用：酸性材料可以减小蛋白质之间互相排斥的力，可以加快蛋白质网络结构的构建。同时，在打发后期，蛋白质网络逐渐开始稳定，酸性材料可以帮助稳固蛋白质的网络结构。

三次加糖的基本制作流程（示例中的材料使用量——蛋白∶糖 = 3∶2）

第一次加糖，蛋白打发至出现泡沫，泡沫呈现鱼眼大小。
加糖原因：①分散糖量。②吸收水分，形成糖液，开始产生蛋白泡沫黏性，帮助构建稳固的泡沫网络。

第二次加糖，蛋白打发至出现细密的气泡。
加糖原因：①分担糖量。②吸收多余的水分，增大蛋白泡沫黏性，帮助构建稳固的泡沫网络，使蛋白泡沫更加湿润，增加泡沫的光泽度。

第三次加糖，蛋白泡沫呈现出清晰的纹路。
加糖原因：①分担糖量。②增加蛋白泡沫的紧实度，缓解蛋白泡沫的崩塌，减缓消泡的速度。

注：

1. 蛋白与糖混合搅拌的时间越长，蛋白打发得就越坚硬，蛋白的可塑性也就越好，但同时蛋白打发的时间也越长。

2. 如果想获得非常紧实的蛋白霜，那么可以在前期就加入配方中所有的糖，这样可以获得紧实、细密的泡沫，这种方式适用于意式蛋白霜等。

3. 如果想获得轻盈的蛋白霜，则可以分次加糖。分次加糖的主要意义在于减小"糖对蛋白打发双向抑制"的影响，使打发状态更为完美。

4. 常用发泡状态如下。

随着打发程度增加和糖的作用，蛋白霜产生了韧性和黏性。湿性状态时，泡沫可以形成弯钩状，韧性较好，也有一定的黏性。随着打发程度加深，糖产生的黏度越来越大，泡沫的韧性逐渐减小，泡沫紧实度增加，弯钩状长度和弧度会越来越小。干性状态时，泡沫呈现的"硬度"比较大。

湿性发泡　　　　　干性发泡

蛋黄打发

蛋黄中除了水分和蛋白质之外，还含有脂肪、矿物质和维生素等，与蛋白的区别比较大。所以蛋黄的打发难度较高，发泡率较低。

下面简单对比下蛋黄和蛋白的"发泡"元素。

第一，蛋黄中的蛋白质比蛋白要稳定得多，简单的物理作用不能轻易使蛋黄中的蛋白质空间结构发生改变。

第二，蛋黄中的水分较少。

第三，蛋黄中的脂肪等对稳定状态会起到干扰作用。

图示为蛋黄打发的基本流程，一般打发至浓稠状即可。

全蛋打发

全蛋的成分比较复杂。综合来看，包含蛋黄和蛋白的全蛋打发是有一定困难的，且膨胀度与蛋白打发相比会差很多。为了更好地进行打发，从技术方面可以做些工作，如采用将全蛋升温的方式提高打发率。

适当升温可以破坏鸡蛋表面张力，使其更容易打发，从而缩短打发时间；同时可以使全蛋液中分子运动增大，在一定程度上有助于打破原有的状态，快速打发。

一般全蛋液升温至35~40℃即可。可以采取隔水加热的方式进行升温，隔水的水温一般为60~70℃。水温不宜过高，避免引起鸡蛋的热变性。

全蛋打发的前期，建议使用手持搅拌器或厨师机以中高速打发，这样可以在搅打初期迅速增加发泡量。至搅拌后期，建议低速搅拌，较低的速度可以调整发泡的产生量，同时消除大的气泡，使气泡小且细密，分布均匀。

全蛋打发完成的状态应该是体积有明显的膨胀，颜色发白，具有光泽度；气泡小且细密，无大气泡。用打蛋头或刮刀舀起全蛋糊时，面糊具有一定流动性，滴落时成折叠堆积状，表面形成的纹路不会立刻消失。这样状态的全蛋糊在加入粉类等材料搅拌时状态不容易破坏，烘烤好的蛋糕其组织会呈现绵密细致的状态。

黄油打发

黄油的别名有牛油、奶油等。

黄油在4℃以下储存时，硬度比较高；在28℃左右呈膏状；在34℃以上，逐渐熔化成液体。

在烘焙产品制作中，如果需要打发黄油或与产品完全融合，膏状或偏膏状的黄油是较常使用的，使用温度在10~20℃较为普遍。

4℃的黄油	28℃的软化黄油	逐步熔化的黄油	黄油打发

基础混合

在蛋糕底坯制作中，无论以哪种材料的打发为基础，之后的混合都是比较重要的流程。

在混合粉类、液体材料时，需要注意方法和工具的正确选择。具体执行时体现在两个方面：第一是混合顺序；第二是混合工具与方法。

混合顺序

面糊类材料含有空气，空气的含量越高，其相同体积下的重量就越轻；反之，则会越重。这个概念也称为比重。

材料混合时需要考虑各种材料之间的比重影响，尤其需要避免比重相差较大的两种材料直接混合，这样会影响材料的泡沫含量。

一般情况下，多会采用"以小保大"的方式来进行混合。如将蛋白泡沫与液体材料混合时，可以先取少量打发蛋白与液体材料混合均匀，调整液体材料的密度，之后再与剩余的打发蛋白混合，这样可以减小后期混合时液体重量对泡沫的冲击。此方法也称为"牺牲法"，图示如下：

图示为蛋黄糊与打发蛋白的基础混合，先取部分打发蛋白与蛋黄糊混合（图2、图3），然后再与剩余的打发蛋白混合（图4~图6）。

另外，也可以将液体材料缓慢地添加到含泡沫的面糊中，以边加边混合的方式逐步调整整体比重，避免集中混合造成大面积消泡。

图示为液态黄油加入含泡沫的面糊里，采用缓慢加入的方式进行混合，同时使用刮刀遮挡，避免液体的集中冲击。

混合工具与方法

在材料混合时，一般使用网状类搅拌器/打蛋器（手动或电动）、刮刀进行基础混合，所用的方式和方法也需要注意，错误的混合会导致结果不尽如人意。

网状类搅拌器的作用原理：搅拌器在外力的作用下带动整体运动，其下部的每一根线都会成为一个切割线，作用迅速。

网状类搅拌器对于泡沫类材料的混合有利有弊，因其切割密集，所以混合迅速；但另一方面，密集的切割也会极大地消散泡沫量。所以对于泡沫量比较多的面糊混合，建议使用刮刀混合；或者可以在前期短时间内使用网状类搅拌器进行大面积混合，后期换用刮刀进行质地统一。

刮刀是面型与线型结合的搅拌工具，有三条线和两个面，适合的混合方式有切拌、翻拌、压拌等。其混合方式轻柔，混合效率不高，但是作用点可大可小，对于局部针对性的混合有着绝佳的效果。而且刮刀作用方式不具备大面积的联动性，所以不会使混合物形成统一的机械运动，避免含面筋蛋白质的材料形成面筋组织，影响产品质地。

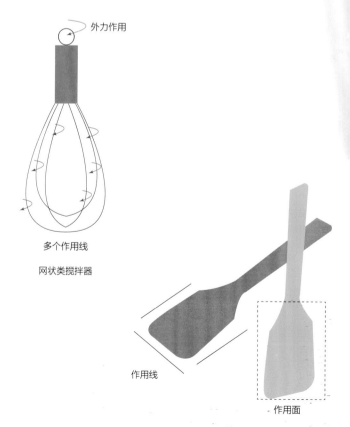

外力作用

多个作用线

网状类搅拌器

作用线

作用面

刮刀

常用混合方法

● 搅拌

在甜点制作中，搅拌是最常见的基础操作方法，网状类搅拌器的切割面较多，混合效率高，多数液体混合常使用此类工具，对泡沫型产品混合、酥性面团制作有局限性。

● 翻拌

用手拿刮刀，采取沿着同一方向、大幅度抄底、快速轻翻的一种手法，可以使材料短时间内混合。

● 切拌

切拌是手拿刮刀，将刮刀直直切入材料中，左右来回混合材料的一种手法。利用不断切拌使材料更好地混合，达到想要的状态。

它常与翻拌一起使用，达到上下左右全方位混合的方式，采取两种拌的方式混合，一方面能缩短混合时间，另一方面防止在拌的过程中，形成面筋，影响蛋糕口感。

搅拌

翻拌

切拌

成型与烘烤

入模

多数蛋糕面糊混合完成后，会采用不同的方式初步定型，再入烤箱中进行最终定型。

常用的蛋糕模具各式各样，有特定的，如玛德琳模具、磅蛋糕模具等，也有创意多样的象形模具。如果用于后期组合则多数会采用烤盘烘烤，定型后便于切割。

在入模、入烤盘的过程中，可以使用裱花嘴和裱花袋进行造型上的辅助设计。

● 入模的正确方式

将制作好的蛋糕糊从高处倒入模具中，在倒入的过程中会消除搅拌产生的大气泡。入模后的面糊可以使用刮刀、刮板整理表面。适度整理平整即可，在烘烤的过程中表面也会自然趋于平整。

● 为何需要震模具

含泡沫的面糊入模后，一般会有一个"轻震模具"的操作，可以在一定程度上避免后期产品组织内部形成大的孔洞。并且可以帮助产品表面平整、消除大气泡。

一般的做法是将模具从5厘米左右的高度放开，使其平直落下；也可以将其拿起轻磕于台面，中空模具可以用手的拇指按住中间凸出的部分轻转模具。

烘烤

烘烤是制作戚风蛋糕的最后一步，温度和时间的选择需要依据成型的模具、方式及烤箱性质。

中空模具建议高温短时间烘烤；圆形模具低温慢烤；烤盘类模具高温短时间烘烤。

烤箱预热

绝大部分产品需要事先进行烤箱预热，预热使烤箱达到一定的温度，在烘烤过程有非常大的必要性。

1）将蛋糕面糊放入未预热的低温烤箱中，会延长烘烤时间，水分过多蒸发会导致蛋糕口感干燥且色泽不佳。

2）在较低温度下，面糊受热影响不大，因自身重力作用整体的泡沫量会有削减。

3）烤箱温度在逐步上升的过程中，产品本身由外向内受热成熟，过长的烘烤有可能导致外部烘烤过度，而内部烘烤未达标。

注：含泡沫的面糊烘烤后内部组织会有气孔，气孔中含有大量蒸汽，在后期慢慢降温的过程中，会引起蛋糕回缩。

为了避免回缩得太严重，一般以蛋泡沫为膨发基础的蛋糕烘烤，在出炉后，一般需要震模和倒扣，尤其是戚风蛋糕。

原因：

1）出炉震模，可以使蛋糕中的水蒸气快速散发，有利于维持烘烤中气泡形成的膨胀状态，从而避免蛋糕体回缩。

2）倒扣模具，可以使蛋糕组织更为均衡，避免下层蛋糕体的气泡被压塌。

海绵蛋糕

海绵蛋糕属于乳沫类蛋糕，依靠打发全蛋或打发蛋白、蛋黄制作，饱含的空气在受热之后膨胀，从而形成一定的蛋糕体积，常作为慕斯基底使用，也可以单独作为产品食用或售卖。海绵蛋糕可分为全蛋海绵蛋糕、分蛋海绵蛋糕和杏仁海绵蛋糕（法式甜品常用底坯）三大类别。

将相同的材料，通过调整操作顺序、材料的添加顺序、材料的占比等，会得到不同风味和口感的蛋糕。

海绵蛋糕初次塑形依靠盛装面糊的模具、烤盘或挤裱方法，用于甜品组装时，可辅助使用刀具或压模压切出合适的底坯大小、形状。

全蛋海绵蛋糕

全蛋海绵蛋糕以全蛋打发为制作基础和膨胀基础，又称为全蛋法。全蛋海绵蛋糕支撑性较好，常用于甜品的基底使用，也可以单独成型，用于日常食用。

材料、配方调配基础说明

1）在无油脂、无乳脂添加的情况下，全蛋海绵蛋糕中比重最大（最重面糊）的材料比例为蛋∶糖∶面粉=1∶1∶1；比重最小的（最轻面糊）的材料比例为蛋∶糖∶面粉=1∶0.5∶0.5。

2）如果减少糖和粉类使用量的话，蛋糕体会更为轻盈，但组织的湿润度和弹性会削减。

3）糖的添加量在鸡蛋的60%~80%比较适宜，可以有效避免蛋糕糊消泡。另外糖和粉类使用量基本保持一致，避免失衡。

4）加入牛奶和油脂的全蛋海绵蛋糕口感更为湿润，奶香味浓郁，烘烤后组织较为细密。不添加油脂的全蛋海绵蛋糕口感较有韧性。

面糊的比重

比重是用来描述面糊搅拌程度的一种方法。蛋糕面糊通过搅拌，不断在内部填充空气，使整体膨胀。内部空气越多，相同体积下的面糊就越轻；反之，则越重。使用同一盛器，测量同体积下的不同搅拌程度的面糊，从重量方面即可看出比重对比。

比重越小，则说明空气越多，烘烤出的蛋糕体积越大，组织越软。但是比重过轻，蛋糕内部组织就会有较多较大的空洞，烘烤成品会失败。比重越大，蛋糕面糊内部填充空气就越少，蛋糕不易膨胀，烘烤体积较小，产品组织较紧实。

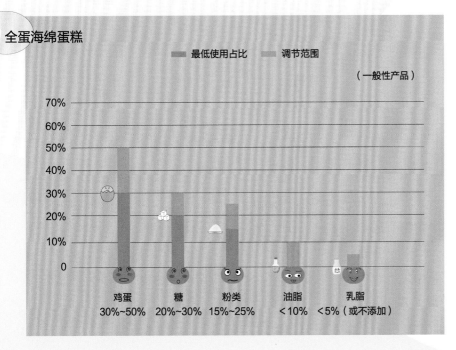

全蛋海绵蛋糕

■ 最低使用占比　■ 调节范围

（一般性产品）

鸡蛋 30%~50%　糖 20%~30%　粉类 15%~25%　油脂 <10%　乳脂 <5%（或不添加）

● **材料分析**

干性材料占比：40%左右，常见的有面粉、泡打粉、可可粉、抹茶粉、固体糖颗粒等。

湿性材料占比：60%左右，常见的有全蛋、蛋黄、牛奶、黄油、水、液体糖、淡奶油或打发淡奶油、色拉油等。

● **底坯特点**

全蛋海绵蛋糕底坯膨发度适中，组织绵密细致、口感湿润、柔软度高。

● **塑形工具**

模具、烤盘、挤裱。

基础全蛋海绵蛋糕1

此款产品以全蛋和蛋黄的混合打发为膨胀基础，产品组织细腻，膨胀度中等。含有牛奶和黄油，可以调节面糊整体的稠稀度，同时其独特的乳香味可以给蛋糕更丰富的香味。柔软度中等，支撑力中等偏上，底坯颜色偏乳黄色，质地细腻，适用性较广。

用　　量： 使用6英寸蛋糕模具（直径16厘米、高6厘米），可以制作3个。

适用范围： 适用多数产品组合，是百搭款；也可以单独制作成底坯食用、售卖。

保存方法： 底坯完全冷却后，保鲜膜密封保存，放于冰箱中可以冷藏保存5~7天。

配方

干性材料

细砂糖	200克
低筋面粉	145克

湿性材料

全蛋	300克
蛋黄	40克
牛奶	35克
黄油	35克

材料干湿性对比

干性材料：湿性材料= 345：410

制作准备

将低筋面粉过筛备用。

制作过程

1. 将黄油和牛奶加入搅拌盆中，隔温水加热熔化，使温度维持在50℃左右。
2. 在搅拌缸中加入全蛋、蛋黄、细砂糖，先用手动打蛋器搅拌混合，再隔水加热至35℃左右。
3. 离火，用网状搅拌头将步骤2的混合物搅打至发白顺滑状。
4. 加入过筛的低筋面粉，并用橡皮刮刀搅拌均匀。
5. 加入步骤1的混合物，翻拌均匀。
6. 将制作好的蛋糕糊倒入蛋糕模具中（约七分满）。
7. 放入烤箱中，以上火180℃、下火160℃烘烤25~30分钟。
8. 取出，将蛋糕倒扣在网架上，室温冷却。

小贴士

如配方中无油脂和牛奶，可以省略步骤1和步骤5，直接将步骤4制作好的蛋糕糊倒入模具中，入炉烘烤。

示例产品
草莓蛋糕

组合介绍

　　底坯搭配香缇奶油、水果，属于基础水果奶油蛋糕类型。

草莓蛋糕内部图

基础全蛋海绵蛋糕2

从材料来看，此款产品制作只用了全蛋作为打发基底。无论是全蛋打发还是全蛋+蛋黄打发，最终打发程度类似，蛋黄占比的增加对鸡蛋的发泡能力有一定的减弱作用，但对后期水油材料的混合有一定的帮助作用。蛋白占比越高的产品，烘烤完成后内部颜色越白。

用　　量： 使用8英寸蛋糕模具（直径20厘米），可以制作1.5个；本次制作使用了2倍的量。

适用范围： 适用多数产品的组合，也可以单独制作成底坯食用、售卖。

保存方法： 底坯完全冷却后，保鲜膜密封保存，放于冰箱中可以冷藏保存5~7天。

配方

干性材料

低筋面粉	150克
幼砂糖	172克

湿性材料

全蛋	300克
黄油	64克
牛奶	30克

材料干湿性对比

干性材料：湿性材料= 322：394

制作过程

1. 将黄油和牛奶倒入锅中，隔水加热熔化，使材料温度维持在50℃左右。
2. 将全蛋倒入搅拌缸中，加入幼砂糖，隔水加热至35~40℃，用网状搅拌器打发至颜色发白的浓稠状态。
3. 加入过筛的低筋面粉，用刮刀快速翻拌均匀。
4. 取小部分面糊同步骤1的液体混合均匀，再倒回剩余的面糊中，继续翻拌均匀。
5. 将制作好的蛋糕糊倒入模具中，至约六分满。入烤箱中，以上下火180℃ 烘烤约25分钟，将烤好的蛋糕取出，震出热气，冷却后冷藏保存。使用时，可以选择合适大小的压模或圈模对产品进行切割整形，之后进行组装。

小贴士

1. 全蛋的打发后期建议使用低档搅拌，这样可以去除快速打发形成的大气泡，使气泡更均匀。

2. 在面糊混合阶段，黄油、牛奶先与少部分面糊混合，再整体混合。可以减少液体重量对大部分面糊泡沫的消泡影响。

蜜瓜蛋糕

组合介绍

　　底坯甜中带有奶香味，柔软度中等，支撑力中等偏上，可以在表面刷上各种口味的糖浆（如糖水混合煮沸后，加入浓缩果汁、酒、香料酱汁、柠檬汁等），赋予底坯更多的风味。底坯切割后，以层叠的方式间隔摆放水果和奶油，最后整体涂抹奶油，进行装饰，可以做出传统的水果奶油蛋糕。

蜜瓜蛋糕内部图

抹茶蛋糕

本款属于全蛋海绵蛋糕的衍生产品，用抹茶粉替代部分低筋面粉，不但增加了风味，也使底坯的颜色变成了青绿色，是一款比较有代表性的衍生产品。

从材料占比上来看，此款底坯的湿性材料占比过多，所以添加了些许泡打粉，弥补膨发力不足的问题。此底坯用于蛋糕卷的制作，材料中使用了转化糖，增大了面糊的黏性和产品的韧性。

烘烤塑形使用大烤盘，烘烤完成后经过简单裁边即可用于蛋糕卷的制作。

用　　量： 使用深烤盘（600毫米×400毫米×55毫米），可以制作1块。

适用范围： 可直接用于蛋糕卷制作，也可以切割后用于抹茶类甜品组合。

保存方法： 底坯完全冷却后，保鲜膜密封，放于冰箱中可以冷藏保存3~5天。

配方

干性材料

低筋面粉	113克
泡打粉	2克
细砂糖	240克
抹茶粉	17克

湿性材料

全蛋	430克
蛋黄	55克
黄油	55克
牛奶	28克
水	74克
转化糖	12克

材料干湿性对比

干性材料：湿性材料＝372：654

制作准备

1. 将低筋面粉和泡打粉混合过筛，备用。
2. 将抹茶粉与水混合搅拌均匀，过滤，备用。
3. 将黄油和牛奶混合隔水熔化，至温度升至50℃。

制作过程

1. 将全蛋、蛋黄、转化糖和细砂糖放入搅拌缸中，隔水加热至35℃。
2. 用网状打蛋器进行打发，搅打成浓稠的流体状。
3. 加入抹茶粉与水的混合物，用刮刀搅拌均匀。
4. 加入低筋面粉和泡打粉的混合物，用刮刀翻拌均匀。
5. 加入黄油和牛奶的混合液体，继续用刮刀混合搅拌均匀。
6. 将面糊倒入垫有油纸的深烤盘中。
7. 用曲柄抹刀将其表面抹平。
8. 入烤箱，以上火190℃、下火160℃烘烤10分钟，烤盘掉头，开风门再次烘烤3分钟。出炉，脱模。

抹茶蛋糕卷

组合介绍

　　在蛋糕底坯上抹一层奶油馅料（可以在馅料中增加些许白兰地，丰富整体的香味和口感），在奶油馅料上铺上一层煮红豆或栗子碎，之后卷制成蛋糕卷。

抹茶蛋糕卷内部图

可可蛋糕

本款属于全蛋海绵蛋糕的衍生产品，用可可粉替代部分低筋面粉。可可粉中含有一定量的油脂，如果制作量较大时，建议增加些许泡打粉来弥补膨胀力度。本产品干湿材料比例相当，产品支撑力较好。可可风味明显，但不会太苦。

用　　量： 使用6英寸模具（直径16厘米、高6厘米），可以制作3个。

适用范围： 可直接食用或售卖，经过切割后可用于巧克力慕斯等甜品组合。

保存方法： 底坯完全冷却后，保鲜膜密封保存，放于冰箱中可以冷藏保存3~5天。

配方

干性材料

细砂糖	250克
低筋面粉	145克
可可粉	27克

湿性材料

全蛋	305克
蛋黄	58克
黄油	60克
牛奶	10克

材料干湿性对比

干性材料：湿性材料＝ 422：433

制作过程

1. 将低筋面粉和可可粉混合过筛两次，备用。
2. 在搅拌盆中加入黄油和牛奶，隔水加热至50℃。
3. 将全蛋、蛋黄和细砂糖放入搅拌盆中，隔水加热到35℃，用网状搅拌器充分打发至浓稠状且有流动性。
4. 将过筛的粉类边加入步骤3中，边用刮刀翻拌均匀。
5. 加入步骤2的材料，充分混合均匀。
6. 将制作好的蛋糕糊倒入模具中，完成后震模，去除内部大气泡。
7. 放入烤箱中，以上火190℃、下火150℃烘烤20分钟，取出倒扣脱模，去除边缘的油纸即可。

生巧蛋糕

组合介绍

　　底坯经过切割后，可以在表面刷一层酒味糖浆，与可可形成风味补充。使用巧克力香缇奶油做外层和夹层装饰，形成一款具有强烈可可风味的产品。

生巧蛋糕内部图

海绵底坯

这是一款口感偏干的全蛋海绵蛋糕类产品，制作中使用的干性材料比例大于湿性材料。粉类材料中添加了玉米淀粉和米粉，减轻了面筋蛋白的影响，使底坯组织更加疏松。

底坯口味甜香，本身风味特点不突出，是一款非常百搭的全蛋海绵蛋糕底坯。

用　　量： 使用大烤盘（600毫米×400毫米×20毫米），可以制作1块。

适用范围： 经过切割后可用于大多数产品的组合。单独食用时，可以刷糖浆赋予风味。

保存方法： 底坯完全冷却后，使用保鲜膜密封，放于冰箱中可冷藏保存5~7天。

配方

干性材料

幼砂糖	270克
低筋面粉	160克
玉米淀粉	80克
米粉	20克

湿性材料

全蛋	360克
淡奶油	40克
色拉油	60克

材料干湿性对比

干性材料：湿性材料＝ 530：460

制作准备

将低筋面粉、玉米淀粉和米粉过筛。

制作过程

1. 将全蛋打散，隔水加热至40℃，加入幼砂糖，用打蛋器搅拌均匀至幼砂糖熔化，隔水加热至50℃。
2. 将加热好的全蛋倒入搅拌缸中，用网状搅拌器打发至浓稠状。
3. 将淡奶油和色拉油搅拌混合均匀，加热至50℃左右，备用。
4. 将过筛的粉类加入步骤2中，边加边用刮刀翻拌均匀。
5. 将步骤3倒入步骤4中，用刮刀翻拌均匀。
6. 将制作好的面糊倒入铺有油纸的烤盘中，用曲柄抹刀抹平。送入烤箱中，以200℃烘烤8~10分钟。
7. 出炉，可根据需要将底坯切割成合适的大小。

少年

组合介绍

    本款底坯非常百搭，可以突出其他层次。底坯经过切割后，可以在表面刷一层柠檬味的糖浆，风格比较清新。配合多种水果馅料、奶油奶酪馅料组合成慕斯。

少年内部图

巧克力海绵蛋糕

本款底坯制作使用的干性材料多于湿性材料，口感质地偏干，黄油可加可不加。底坯口感比较单一，没有过多风味层次。单独食用可能无太多意趣，建议搭配其他材料。

用　　量： 使用6英寸模具（直径16厘米、高6厘米），可以制作3个。

适用范围： 经过切割，可用于巧克力类甜品组合。建议底坯表面添加一层果味糖浆，赋予底坯一些特色。

保存方法： 底坯完全冷却后，使用保鲜膜密封，放于冰箱中可以冷藏保存3~5天。

配方

干性材料

细砂糖	180克
低筋面粉	165克
可可粉	30克

湿性材料

全蛋	300克
黄油	18克

材料干湿性对比

干性材料∶湿性材料= 375∶318

制作准备

1. 将低筋面粉和可可粉混合过筛，备用。
2. 用微波炉将黄油熔化成液体。

制作过程

1. 将全蛋和细砂糖一起加入搅拌缸中，用网状搅拌器高速打发。
2. 将其打发至颜色发白的浓稠状态。
3. 加入过筛的低筋面粉和可可粉，边加入边用刮刀翻拌均匀。
4. 取少许步骤3同熔化的黄油混合均匀，再倒回搅拌缸中，用刮刀翻拌均匀。
5. 将制作好的蛋糕糊装入模具中至约1/3高度。
6. 将模具放在烤盘上，放入烤箱中，以温度175℃烘烤15~20分钟。
7. 将烤好的蛋糕取出，冷却脱模。
8. 用刀裁切出需要的厚度，用于整体组装即可。

示例产品

萨赫蛋糕

组合介绍

　　底坯的口味比较单一，质地干燥，组合时可以使用果味糖浆，示例中的产品使用了杏子糖浆。巧克力海绵蛋糕搭配巧克力慕斯、甘纳许和杏子果酱等，是萨赫蛋糕经典的组合搭配。

萨赫蛋糕内部图

可可软蛋糕

本款底坯材料比较特殊，使用了打发淡奶油添加入面糊中。淡奶油在面糊中的作用类似油脂和牛奶的结合，打发后对面糊的膨胀有一定的帮助。产品在烘烤过程中，奶香味比较突出，刚出炉时质地绵软，膨胀力度在戚风蛋糕和基础海绵蛋糕之间。口感比较润，不会觉得很干，但是久放之后会变得稍硬。

本次制作中添加了少许泡打粉，弥补了一定的膨胀力度。

用　　量： 使用硅胶烤盘（长35厘米、宽25厘米、高2厘米），约制作2个。

适用范围： 经过切割，可用于巧克力类甜品组合，可单独食用。可衍生做成原味、抹茶、坚果等风味。

保存方法： 底坯完全冷却后，用保鲜膜密封，放于冰箱中可以冷藏保存3天。

配方

干性材料

细砂糖	200克
低筋面粉	200克
可可粉	35克
泡打粉	5克

湿性材料

全蛋	340克
黄油	30克
打发淡奶油	200克

材料干湿性对比

干性材料：湿性材料＝440：570

制作准备

1. 将黄油提前熔化备用。
2. 将低筋面粉、可可粉和泡打粉混合过筛。

制作过程

1. 搅拌缸中加入全蛋、细砂糖打发，搅打至颜色发白、黏稠的状态，倒入搅拌盆中。
2. 加入过筛的粉类混合物，搅拌均匀。
3. 分两三次加入打发淡奶油，搅拌均匀。
4. 取少许步骤3加入熔化的黄油中拌匀，再倒回剩余面糊中，混合均匀。
5. 将制作好的蛋糕糊倒入烤盘中，抹平，送入烤箱中，以180℃烘烤10分钟左右。

1a　1b　2a　2b
3a　3b　4　5

组合介绍

主体层次是巧克力慕斯，使用焦糖奶油和焦糖咸花生平衡和补充层次，可可软蛋糕和布列塔酥饼为主要支撑层次，因为底坯质地比较特殊，也可以与其他底坯组合形成多层次的口感。外部使用巧克力淋面做底层装饰。

圆蛋糕内部图

分蛋海绵蛋糕

● **材料分析**

干性材料占比：30%~50%。常见的有面粉、玉米淀粉、米粉、泡打粉、可可粉、抹茶粉、固体糖颗粒等。

湿性材料占比：50%~70%。蛋白、蛋黄、全蛋、牛奶、黄油、水、液体糖、色拉油等。

● **底坯特点**

分蛋海绵蛋糕发泡性大、口感轻盈，蛋糕质地蓬松且柔软度较高。

● **塑形工具**

模具、烤盘。

　　分蛋海绵蛋糕采用分蛋法制作，即将蛋黄和蛋白分别打发起泡制作。分蛋法制作的蛋白霜气泡不易消泡，可以塑造轻盈的口感。

　　在制作中油脂、乳脂的添加与否，制成的成品组织和口感会有不同。仅依靠打发蛋黄、蛋白，再混合粉类制作的面糊会稍硬，烘烤后蛋糕口感较为松散，常见的手指饼干就是以这种方式制作的。如果在制作后期添加乳脂和油脂，分蛋海绵蛋糕会更加温润，且富有奶香味。

分蛋海绵蛋糕成熟的标准

外观、色泽： 表面金黄色偏褐色。

手感： 轻按蛋糕中心处有阻力、有弹性。

辅助方式： 用牙签斜插入蛋糕，拔出时无带出物。

分蛋海绵蛋糕

　　　　　　　　　　■ 最低使用占比　　　■ 调节范围

（一般性产品）

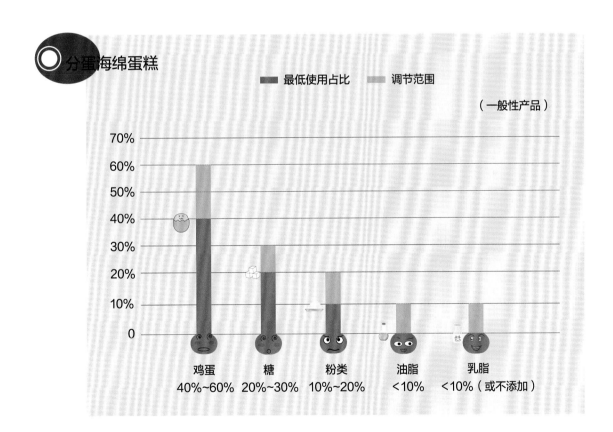

鸡蛋　　　　糖　　　　粉类　　　　油脂　　　　乳脂
40%~60%　20%~30%　10%~20%　<10%　　<10%（或不添加）

基础分蛋海绵蛋糕

　　分蛋海绵蛋糕的基础材料是蛋黄、蛋白、糖及面粉，本款底坯只用这四种材料制作，干性材料与湿性材料重量相当。产品的质地与风味不突出，比较适合作为支撑层次参与甜品的组装与组合。

用　　量： 使用40厘米×60厘米的烤盘，可以制作1盘（比较薄）。

适用范围： 这款底坯无明显特征，适合衬托其他层次，可作为支撑层次或装饰层次，可以与大多数慕斯馅料组合。

配方

干性材料

细砂糖	125克
低筋面粉	100克

湿性材料

蛋黄	56克
蛋白	180克

材料干湿性对比

干性材料：湿性材料= 225 : 236

制作过程

1. 在搅拌缸中加入蛋白，分3次加入细砂糖，搅打蛋白至能形成较大的弯钩状态（湿性发泡）。
2. 加入蛋黄，继续搅打均匀。
3. 加入过筛的低筋面粉，用刮刀翻拌均匀。
4. 将制作好的蛋糕糊倒入铺有油纸的烤盘中，用刮刀抹平。
5. 送入烤箱，以上火180℃、下火160℃烘烤15分钟左右，出炉冷却，根据需求进行切割。

1a

1b

2

3

4

5

示例产品　双重杏子

组合介绍

本示例产品使用两种底坯，底层使用达克瓦兹支撑，中间是杏子慕斯（主要层次），上层是本款基础蛋糕，表面涂抹一层杏子糖水配合主体层次表达，顶部是加了杏子酒的白巧克力慕斯。装饰使用杏子相关水果。

曲奇瑞士卷

本款底坯制作使用"打发蛋黄+打发蛋白"双打发，面糊的泡沫比较多，后期烘烤的膨胀力度比较好。底坯材料中加入了转化糖，韧性和湿度有提高，也可以根据喜好将其替换成蜂蜜。

用　　量： 使用40厘米×60厘米的烤盘，可以制作1盘。

适用范围： 可以用于蛋糕卷或基础蛋糕的组合，也可以单独制作成底坯食用、售卖。

配方

干性材料

细砂糖	200克
低筋面粉	165克

湿性材料

蛋黄	170克
转化糖	20克
蛋白	370克
黄油	100克
牛奶	60克

材料干湿性对比

干性材料：湿性材料= 365：720

制作准备

将低筋面粉过筛，备用。

制作过程

1. 将蛋黄和转化糖一起加入搅拌缸中，隔温水小火加热，期间用手动打蛋器不停搅拌，至35℃左右离火。
2. 用网状搅拌器搅拌至颜色发白，质地呈顺滑的流体状。
3. 将黄油和牛奶放入小盆中，隔温水加热至50℃左右，备用。
4. 将蛋白打发，期间分3次加入细砂糖，用网状搅拌器搅打至蛋白能够形成大弯钩的状态。
5. 将步骤2与步骤4混合，用橡皮刮刀搅拌均匀。
6. 加入过筛好的低筋面粉，用橡皮刮刀翻拌均匀，再与步骤3混合均匀。
7. 将制作好的蛋糕糊倒入铺有油纸的烤盘上，用曲柄抹刀抹平表面。
8. 放入烤箱中，以上火170℃、下火175℃烘烤18分钟。
9. 烤好后取出，提起边缘油纸带起蛋糕将其移出烤盘，室温下放置冷却。

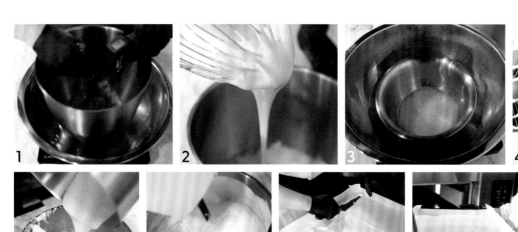

示例产品 曲奇瑞士卷

组合介绍

　　图示产品组合为较简单的蛋糕卷，底坯表面铺一层外交官奶油，在一端挤入慕斯琳奶油增加蛋糕卷的起始高度，再进行整体卷制。完成后表面撒糖粉装饰，也可根据喜好使用奶油挤裱装饰。

可可卷

本款底坯制作的蛋黄与蛋白用量相当。制作中以打发蛋白为膨胀基础，蛋黄使底坯更加湿润、酥松。可可粉加入蛋糕面糊中后，黏性有一定的增加，对于面糊的裹气能力有一定的削弱。高比例的蛋黄可以增加酥松性，且能增加产品混合的乳化能力。

用　　量: 使用30厘米×40厘米的烤盘，可以制作1盘。

适用范围: 可以用于蛋糕卷制作，也可以用于产品组合（建议与巧克力类馅料组合使用）。

配方

干性材料

细砂糖	155克
海藻糖	13克
低筋面粉	53克
可可粉	25克

湿性材料

蛋白	225克
蛋黄	225克
黄油	90克

材料干湿性对比

干性材料：湿性材料= 246：540

制作准备

1. 将可可粉和低筋面粉混合过筛备用。
2. 将黄油隔热水熔化备用，温度在35~50℃。

制作过程

1. 将蛋白、细砂糖和海藻糖放入搅拌缸中，用网状搅拌器打发至蛋白能形成弯钩形状。
2. 加入蛋黄，用刮刀搅拌混合均匀。
3. 加入过筛的粉类，期间用橡皮刮刀翻拌均匀。
4. 加入黄油，边加入边翻拌混合。
5. 将制作好的蛋糕糊倒入垫有油纸的烤盘中，用曲柄抹刀将表面抹平。
6. 送入烤箱中，以上火180℃、下火150℃烘烤10分钟。将烤盘调头，打开风门，上下火不变，再烤3分钟。
7. 出炉，震盘，将蛋糕从烤盘中取出（如果有油纸，需要撕开油纸的四周），放置在网架上，在室温下冷却。

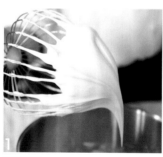

组合介绍

在底坯表面（烘烤面）涂抹一层巧克力香缇奶油，在卷制开端放一块冷冻成型的巧克力甘纳许增加卷制的起始高度。卷制完成后切割，在表面使用巧克力香缇奶油进行装饰。

红茶风味蛋糕

　　这是分蛋海绵蛋糕的衍生风味产品，使用了红茶汤来制作，且没有使用面粉，用米粉替代，蛋糕质地更加蓬松。本款底坯制作使用的湿性材料是干性材料的近两倍，因重力作用对膨胀有一定的阻碍，所以打发蛋白和用糖量都较多，蛋白泡沫黏性较高，保水能力和抗压能力比较好。

用　　量： 使用30厘米×40厘米的烤盘，可以制作1盘。

适用范围： 可以用于蛋糕卷制作，也可以用于产品组合（建议与清淡型馅料或水果酱料组合）。

配方

干性材料

细砂糖	205克
米粉	90克

湿性材料

蛋黄	135克
蛋白	300克
黄油	110克
红茶汤	10克

材料干湿性对比

干性材料：湿性材料= 295：555

制作过程

1. 用手动打蛋器将蛋黄打散，加入红茶汤搅拌均匀。
2. 将黄油隔水加热至35℃。
3. 将蛋白打发，期间分3次加入细砂糖，打发至蛋白泡沫能形成尖状（中性发泡）。
4. 将步骤1加入打发蛋白中混合，用刮刀翻拌均匀。
5. 倒入过筛的米粉，继续搅拌均匀。
6. 取适量步骤5加入黄油中拌匀，再倒回面糊中，混合均匀。
7. 倒入铺有油纸的烤盘中，用刮刀或刮片将表面带平。
8. 送入烤箱中，以上下火160℃烘烤15分钟左右，出炉。

示例产品　无花果蛋糕卷

组合介绍

　　在底坯表面（烘烤面，但需去除表皮）涂抹一层香缇奶油，在卷制开端放一些无花果块来增加卷制的起始高度。

　　卷制完成后，在表面再抹一层香缇奶油，在最中心处摆放无花果片，侧边沾些蛋糕碎屑。根据需求进行切割。

巧克力风味蛋糕

本款底坯制作使用了较多的可可粉，低筋面粉的用量减少很多。可可粉的增多导致面糊黏性增大，消泡率增大，膨胀力不高。入烤盘时，面糊厚度较薄，烘烤期间水分蒸发量比较大，整体韧性较小。烘烤前，在表面也撒了巧克力碎屑，是一款主打巧克力风味的底坯。

用　　量： 使用40厘米×60厘米的烤盘，可以制作1盘。

适用范围： 建议只参与甜品组合，可配合巧克力风味的慕斯馅料做组合与组装。

配方

干性材料

细砂糖	200克
低筋面粉	25克
可可粉	75克
黑巧克力碎屑	适量

湿性材料

蛋黄	120克
蛋白	200克
水	25克

材料干湿性对比

干性材料：湿性材料＝300：345

制作过程

1. 将蛋白放入搅拌缸中，分3次加入细砂糖，打发至干性发泡。
2. 将水和蛋黄混合均匀。
3. 将步骤2倒入打发好的蛋白中，用刮刀搅拌均匀。
4. 将过筛好的低筋面粉和可可粉加入步骤3中，用刮刀翻拌均匀。
5. 将制作好的蛋糕糊倒入铺有油纸的烤盘中，用曲柄抹刀将表面抹平。
6. 将黑巧克力碎屑撒在面糊表面，送入烤箱中，以温度200℃烘烤10分钟。
7. 出炉冷却至常温，用方形圈模将底坯切压出方形备用。

   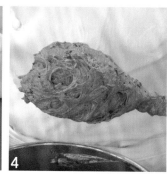

示例产品　三蛋糕

组合介绍

以该底坯为底层支撑，第二层是黑巧克力慕斯，第三层是牛奶巧克力慕斯，顶层是白巧克力慕斯。表面是各种巧克力装饰件。

手指饼干

手指饼干的名字虽然带有饼干，但它是货真价实的蛋糕类底坯。其标志性的形状是长条形，类似手指。本款手指饼干制作采用蛋黄与蛋白双重打发，也可以只把蛋白打发，后期混合蛋黄，最后混合粉类材料。

用　量：使用40厘米×60厘米的烤盘，可以制作1盘。

适用范围：建议只参与甜品层次组合或装饰。

配方

干性材料

低筋面粉	95克
玉米淀粉	95克
细砂糖1	95克
细砂糖2	95克

湿性材料

蛋黄	190克
蛋白	230克

材料干湿性对比

干性材料：湿性材料= 380：420

制作准备

将低筋面粉和玉米淀粉过筛。

制作过程

1. 将蛋白和细砂糖1放入搅拌桶内，打发至干性发泡。
2. 将蛋黄和细砂糖2混合，搅拌打发至发白浓稠状。
3. 将打发蛋白分次加入步骤2中，用刮刀翻拌均匀。
4. 加入过筛的粉类，用刮刀翻拌均匀。
5. 将制作好的蛋糕糊倒入铺有不沾垫的烤盘内，用曲柄抹刀抹平，放入烤箱中，以180℃烘烤12分钟。

样式延伸

将面糊放入带有裱花嘴的裱花袋中，在烤盘上可以挤出所需的各种形状。

覆盆子棉花糖挞

组合介绍

以挞皮为基础支撑层次，整体是上下结构，底部以挞皮为外部框架，先填充一层覆盆子果冻，再放一片手指饼干。上部是以半圆形模具定型的覆盆子慕斯。周边摆放覆盆子和粉色方形棉花糖装饰。

覆盆子棉花糖挞内部图

杏仁海绵蛋糕

● **材料分析**

干性材料占比：50%左右，常见的有坚果粉、糖粉、低筋面粉、固体糖颗粒、泡打粉、玉米淀粉等。

湿性材料占比：50%左右，常见的有全蛋、蛋黄、蛋白、黄油等。

● **底坯特点**

蛋糕中坚果香味浓郁，口感较为湿润，松软而富有弹性，支撑性较好。在制作中经常加入坚果碎、果干碎、果皮屑等材料，可以丰富蛋糕的口感层次，提高产品风味，不影响基础配方比例。

在制作中适当增加蛋黄的用量，可以提升蛋糕的口味，也可以增加蛋糕的柔软度。

● **塑形工具**

模具、烤盘。

杏仁海绵蛋糕是甜品中慕斯体常用的底坯之一，制作中会用到坚果粉类，在海绵蛋糕体系中有一定的特殊性。

杏仁海绵蛋糕一般是以打发全蛋、打发蛋白为制作基础和膨胀基础，以杏仁TPT（或衍生的坚果粉）替代面粉制作的一款风味比较独特的海绵蛋糕，底坯呈现细小而密集的孔洞。常见的应用当属歌剧院蛋糕。

其制作中使用干性材料与湿性材料的占比均衡。

什么是杏仁TPT？

TPT是法文Tant Pur Tant的缩写，杏仁TPT指的是杏仁粉与糖粉按照1:1的比例进行混合制成的粉类混合物，在甜品制作中有着广泛的实际应用。

其他坚果TPT粉与此相同，是该坚果粉与糖粉按照1:1的比例制成的混合粉类。

◎ 杏仁海绵蛋糕

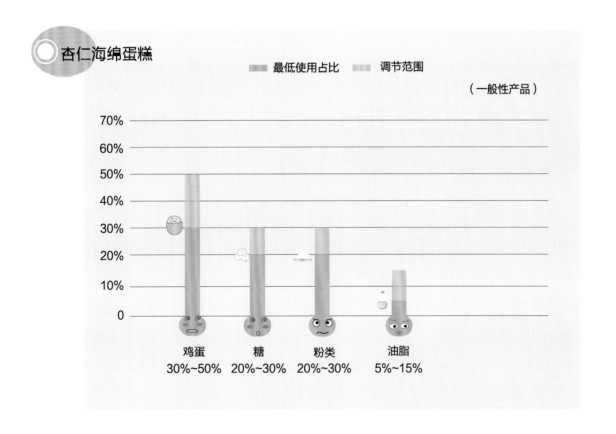

最低使用占比　　调节范围

（一般性产品）

鸡蛋 30%~50%	糖 20%~30%
粉类 20%~30%	油脂 5%~15%

基础杏仁海绵蛋糕

本款底坯为杏仁海绵蛋糕的基础款，可以与很多产品搭配。在制作中增加了蛋黄的使用量，产品更柔软细腻。

用　　量： 使用40厘米×60厘米的烤盘，可以制作1盘。

适用范围： 底坯本身油脂含量较高，口感偏向磅蛋糕。可以在慕斯组合中与戚风蛋糕、手指饼干、达克瓦兹等底坯组合，形成质地的变化，也可以与水果型馅料等清新的产品组合。

配方

干性材料

杏仁粉	50克
糖粉	50克
低筋面粉	44克
细砂糖	60克

湿性材料

蛋黄	18克
全蛋	60克
蛋白	100克
黄油	17克

材料干湿性对比

干性材料∶湿性材料＝ 204∶195

制作准备

将黄油熔化至50℃，备用。

制作过程

1. 在搅拌缸中加入蛋黄、全蛋、杏仁粉和糖粉，用网状搅拌器搅打至发白黏稠的状态。
2. 在蛋白中分次加入细砂糖，打发至能形成较小的鸡尾状（中性发泡）。
3. 在步骤1中加入打发的蛋白，混合拌匀。
4. 加入过筛的低筋面粉，翻拌均匀。
5. 在黄油中加入少许步骤4拌匀，再倒回面糊中，翻拌均匀。
6. 将制作好的蛋糕糊倒入铺有油纸的烤盘中，抹平表面，送入烤箱中，以上下火230℃烘烤6分钟。
7. 出炉，冷却。

伊甸园

组合介绍

图示产品使用了本款产品和达克瓦兹两款底坯，使用了树莓果酱、芒果奶油、菠萝果酱、椰子慕斯等作为内部馅料，外部使用椰子淋面作为整体装饰，表面摆放水果颗粒和花瓣。是一款水果风味的甜品。

伊甸园内部图

椰子风味蛋糕

本款底坯制作主要以打发蛋白为膨胀基础，使用椰丝作为风味材料，整体油脂比较多，所以虽然干性材料占比较大，但整体还是偏湿润，膨胀度不高。口感偏磅蛋糕。

用　　量： 使用40厘米×60厘米的烤盘，可以制作1盘。

适用范围： 风味比较鲜明，可以单独制作成底坯食用、售卖；或者搭配相关水果馅料组合。使用椰丝作为风味材料，具有较鲜明的主题特点，可以配合椰子相关产品进行组合。

配方

干性材料

杏仁粉	315克
糖粉	315克
玉米淀粉	50克
幼砂糖	40克
香草荚	1根
椰丝	155克

湿性材料

全蛋	315克
蛋白	155克
黄油	220克

材料干湿性对比

干性材料 : 湿性材料 = 875 : 690

制作准备

1. 将黄油切丁隔水熔化至50℃，备用。
2. 将香草荚取籽备用。

制作过程

1. 将杏仁粉、糖粉和玉米淀粉过筛，同香草籽、全蛋一起放入料理机中搅拌均匀，倒入搅拌盆中。
2. 加入椰丝，用橡皮刮刀拌匀。
3. 将蛋白放入搅拌缸中，分3次加入幼砂糖，打发至能形成鸡尾状（中性偏干状态）。
4. 将打发蛋白分次加入步骤2中，用橡皮刮刀翻拌均匀。
5. 取少量步骤4与黄油搅拌均匀，再倒回面糊中翻拌均匀。
6. 将制作好的蛋糕糊倒入模具中，用曲柄抹刀抹平，送入烤箱中，以150℃烘烤15分钟左右。
7. 出炉，晾凉。

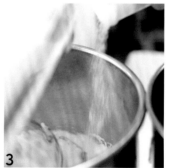

1　2　3　4

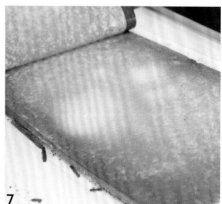

5　6　7

组合介绍

　　图示产品组合为叠加而成，以椰子风味蛋糕为底坯，配合焦糖菠萝、热带水果泥、椰子甘纳许等完成，表面装饰使用了椰壳，是一款以椰子或热带水果为主题的蛋糕。

乔孔达

本款底坯制作涉及全蛋打发和蛋白打发，使用大量杏仁粉，所含油脂较多。烘烤好的底坯组织细腻，柔软度较好，是一款有个性的底坯。

用　　量： 使用40厘米×60厘米的烤盘，可以制作1盘。

适用范围： 可以用于基础蛋糕的组合，也可以单独制作成底坯食用、售卖。

配方

干性材料

杏仁粉	250克
糖粉	250克
低筋面粉	60克
细砂糖	60克

湿性材料

全蛋	340克
蛋白	240克
黄油	50克

材料干湿性对比

干性材料∶湿性材料= 620∶630

制作准备

将低筋面粉、杏仁粉过筛，备用。

制作过程

1. 将全蛋、糖粉、杏仁粉和低筋面粉加入搅拌缸中，用手动打蛋器搅拌混合，隔热水加热至35℃左右。
2. 用网状搅拌头搅打至发白，体积变大、顺滑流动。
3. 将黄油隔热水加热至熔化。
4. 将蛋白、细砂糖加入搅拌缸中，用网状搅拌器打发至能够形成具有韧性的鸡尾状（湿性偏干的状态）。
5. 取少许步骤4倒入步骤2中，翻拌混合，再倒回步骤4中翻拌均匀。
6. 加入黄油，用橡皮刮刀翻拌均匀。
7. 将制作好的蛋糕糊倒入铺有硅胶垫的烤盘中，抹平表面。放入烤箱，以上火200℃、下火200℃烘烤10~12分钟。
8. 出炉，用小抹刀将四边划开，将蛋糕取出，放在倒扣的烤盘上。

小贴士

晾凉底坯时建议在表面盖上油纸，防止表皮风干。

组合介绍

　　将底坯（抹适量糖浆）与抹茶甘纳许馅料采用重复叠加的方式进行组合，形成有特色的歌剧院蛋糕。

榛子海绵蛋糕

　　本款产品是杏仁海绵蛋糕的衍生产品，以榛子粉替代杏仁粉，也可以使用其他坚果粉。榛子粉是榛子研磨而成的粉末，甜香味突出，烘烤后赋予蛋糕浓郁的坚果香气。加入的榛子粉量较多时，需要搭配适量低筋面粉，防止底坯过于扁塌。

用　　量： 使用40厘米×60厘米的烤盘，可以制作1盘。

适用范围： 底坯本身带有比较浓郁的榛子风味，可以与相关馅料组合；油脂含量比较高，可以与水果类型的馅料组合，有相互补充、中和的作用。

配方

干性材料

榛子粉	150克
糖粉	150克
低筋面粉	60克
细砂糖	60克

湿性材料

全蛋	120克
蛋白	250克

材料干湿性对比

干性材料：湿性材料= 420：370

制作准备

将低筋面粉过筛备用。

制作过程

1. 在蛋白中加入细砂糖，打发至干性状态。
2. 将全蛋、糖粉和榛子粉加入搅拌缸中，快速打发至面糊呈绸缎状。
3. 取1/3打发蛋白与步骤2混合拌匀，加入低筋面粉，翻拌均匀，再将其倒回剩余的蛋白霜中，用刮刀翻拌均匀。
4. 将制作好的蛋糕糊倒入铺有油纸的烤盘中，抹平表面，再送入烤箱中，以200℃烘烤约10分钟。
5. 将蛋糕出炉，放置于网架上冷却。

小贴士

　　烤盘类底坯产品烘烤时，可以在底部垫一层油纸（烘焙纸），为了防止油纸不服帖，可以先在烤盘上喷一层油脂，再将油纸贴在上面即可。

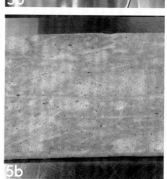

示例产品　夏娃

组合介绍

图示产品使用榛子海绵蛋糕为基底，以血橙慕斯、榛子奶油、甘纳许为馅料组合。表面使用红色镜面果胶和水果进行装饰。

伯爵茶杏仁海绵

本款产品带有伯爵茶香，整体油脂比较多，为了达到一定的膨胀度，添加了少量泡打粉，组织质地近似磅蛋糕。

用　　量： 使用30厘米×40厘米的烤盘，可制作1盘。

适用范围： 可以单独制作成底坯食用、售卖；较适合搭配风味较轻或果味相关的材料。

配方

干性材料

杏仁粉	225克
赤砂糖	175克
低筋面粉	108克
泡打粉	6.5克
盐	0.6克
细砂糖	108克
伯爵茶粉末	7克
柠檬果皮屑	1克

湿性材料

蛋白1	68克
蛋黄	86克
黄油	198克
蛋白2	248克

材料干湿性对比

干性材料：湿性材料= 631.1：600

制作准备

1. 将黄油提前熔化，维持温度在30℃。
2. 将低筋面粉过筛备用。

制作过程

1. 在搅拌缸中加入蛋白1、蛋黄、杏仁粉、赤砂糖、盐、伯爵茶粉末和泡打粉，搅打至黏稠状。
2. 取少许步骤1与黄油搅拌均匀，再倒回搅拌缸中拌匀。
3. 加入柠檬果皮屑，搅拌均匀备用。
4. 在蛋白2中分次加入细砂糖，搅打至干性状态（蛋白泡沫能形成较小的鸡尾状）。
5. 取1/3打发蛋白加入步骤3中拌匀，再倒回剩下的蛋白霜中，用刮刀翻拌均匀。
6. 边搅拌边倒入低筋面粉，翻拌均匀。
7. 倒入铺有油纸的烤盘中，抹平表面，入烤箱，以上下火160℃烘烤15分钟左右。

示例产品 奇迹

组合介绍

　　图示产品使用伯爵茶杏仁海绵为基底，叠加沙棘芒果果酱，形成叠加（7层），切块冷藏定型后，在表面浇淋上白巧克力淋面（含蛋糕碎屑）。

奇迹内部图

戚风蛋糕

　　戚风蛋糕是基础面糊类和乳沫类材料结合，将蛋白与蛋黄采用分开处理的方式，最后进行混合的一种蛋糕制作方法。

　　制作奶油类生日蛋糕时，多使用戚风蛋糕底坯，但在法式甜品底坯中，戚风蛋糕并不是常用支撑底坯。对比海绵蛋糕，戚风蛋糕水量较多，面粉量少，所以口感极为柔软，但支撑性略弱。

● **材料干湿性占比**

干性材料占比：35%左右。

湿性材料占比：65%左右。

● **底坯特点**

膨发度较高，质地柔软。口感轻盈、细腻。

● **塑形工具**

常用的有模具、烤盘。用于组装时，可辅助使用刀具或压模来刻画出合适的大小和形状。

如果单独成型制作，建议使用戚风专用模，尽量避免使用不粘模具，因为在烘烤过程中，戚风需借由戚风模具的内壁进行攀升，不粘模具对于戚风面糊的攀升有一定的影响。

 戚风蛋糕

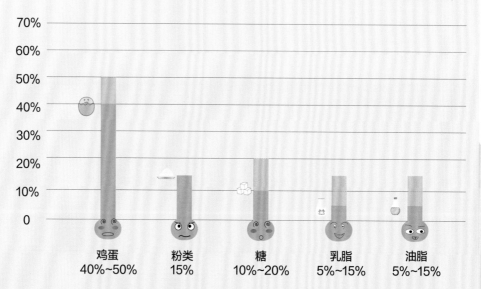

█ 最低使用占比　　█ 调节范围

（一般性产品）

| 鸡蛋 40%~50% | 粉类 15% | 糖 10%~20% | 乳脂 5%~15% | 油脂 5%~15% |

● **产品延伸、配方变化**

在基础面糊的基础上，戚风蛋糕可以组合出不同口味和色彩的衍生产品。

◆ **风味粉类：可可粉、抹茶粉、竹炭粉、果蔬粉等**

加入方式：以一定的比例替换原配方中的低筋面粉。

◆ **风味液体：果汁、酸奶、果泥等**

加入方式：果汁、水基本等量替换牛奶，但蔬果泥、浓稠酸奶需比替换的牛奶量更多，因为比重不同（在其他材料无改变的情况下）。

产品举例：酸奶戚风、南瓜戚风。

◆ **果干、坚果碎等**

加入方式：在最后加入面糊中即可，可根据需求切成小颗粒，混合完成后避免沉底，加入量不宜过多。

◆ **无筋性粉类：玉米淀粉、米粉**

少量添加，可以使戚风蛋糕组织更为细腻、绵密。

◆ **戚风面糊中加入盐**

戚风蛋糕的制作中添加盐，可以中和蛋糕的甜度，增加风味和口感层次。

◆ **加入奶油奶酪**

在蛋黄糊的制作中加入奶油奶酪，蛋白霜需要搅打至湿性状态，其他制作方式同基础戚风蛋糕制作。

常见产品为轻芝士蛋糕，质地极为柔软，口感细腻，入口即化，奶香味丰盈。

基础戚风蛋糕

本款产品是戚风蛋糕的基础款，膨发度较好，组织内部绵软，支撑能力要比海绵蛋糕差一些，比较适合单独食用。

用　　量： 使用6英寸中空型模具（直径15厘米中空蛋糕模具，中空直径4厘米），可以制作3个。

适用范围： 建议单独制作成型，或者用于奶油蛋糕的基础底坯。

配方

干性材料

细砂糖1	85克
细砂糖2	115克
低筋面粉	125克

湿性材料

蛋黄	125克
蛋白	280克
牛奶	125克
色拉油	100克

材料干湿性对比

干性材料：湿性材料= 325：630

制作准备

将低筋面粉过筛，备用。

制作过程

1. 在盆中加入蛋黄、细砂糖1，用手动打蛋器搅拌混合。
2. 将牛奶和色拉油混合，分次倒入步骤1中，边倒入边搅拌均匀。
3. 加入低筋面粉，搅拌均匀。
4. 在蛋白中分次加入细砂糖2，搅打至蛋白泡沫能形成中等长度的鸡尾状（中性状态）。
5. 将步骤3分两次倒入步骤4的打发蛋白中，用橡皮刮刀翻拌均匀。
6. 将蛋糕糊倒入中空戚风模具中（约八分满），轻震模具。
7. 将模具放入烤箱中，以上火160℃、下火130℃烘烤25分钟。
8. 取出，将蛋糕倒扣放置在网架上，室温下冷却。冷却完成后，将蛋糕脱模即可。

基础戚风蛋糕

组合介绍

建议单独成型，口感和质地都比较有特点。

基础戚风蛋糕内部图

抹茶戚风蛋糕

本款产品是基础戚风蛋糕的风味衍生产品，制作中添加了抹茶粉，组织内部绵软，气孔细腻，比较适合单独食用。

用　量: 使用6英寸中空型模具（直径15厘米中空蛋糕模具，中空直径4厘米），可以制作3个。

适用范围: 建议单独制作成型。

配方

干性材料

细砂糖1	75克
海藻糖1	20克
低筋面粉	80克
高筋面粉	40克
抹茶粉	20克
细砂糖2	70克
海藻糖2	55克

湿性材料

蛋黄	125克
牛奶	135克
色拉油	100克
蛋白	270克

材料干湿性对比

干性材料：湿性材料＝ 360：630

制作准备

1. 将低筋面粉、高筋面粉和抹茶粉混合过筛两次，备用。
2. 将色拉油、牛奶加入盆中，混合搅拌，隔水加热至50℃。

制作过程

1. 将蛋黄、细砂糖1和海藻糖1倒入盆中，混合搅拌均匀。
2. 缓慢加入色拉油与牛奶的混合物，期间需要不停搅拌。
3. 加入过筛粉类，混合搅拌均匀。
4. 将蛋白倒入搅拌桶中，加入细砂糖2和海藻糖2，混合搅拌打发至能形成较大的弯钩状（湿性状态）。
5. 取少许打发蛋白霜倒入步骤3中，混合搅拌均匀，再与剩余的打发蛋白霜混合翻拌均匀。
6. 将面糊倒入中空蛋糕模中，每个模具的面糊用量约320克。
7. 完成后，轻震一下模具。
8. 入烤箱，以上火160℃、下火130℃烘烤25分钟，开风门继续烘烤18分钟，出炉，倒扣、放凉、脱模。

小贴士

1. 如果盛放模具的烤盘直接接触烤箱底的话，为避免温度过高，可以在底下再反扣一个有高度的烤盘。
2. 蛋糕晾凉脱模时，可以先用小刀从侧面分离蛋糕与模具，再倒扣，去除活底即可。

示例产品

抹茶戚风蛋糕

组合介绍

可以使用不同的模具制作出不同的样式，单独食用或售卖，也可以作为杯子甜品、盘式甜品的组合层次等。

抹茶戚风蛋糕内部图

巧克力戚风蛋糕

因为可可粉有一定的油脂，且与液体材料混合后，产生的黏性比较大，对泡沫有一定的削弱作用。为了蓬松性更好，本次制作加入了泡打粉和塔塔粉。

用　量： 使用40厘米×60厘米的烤盘，可以制作1盘。

适用范围： 可以用于巧克力产品的层次组装。

配方

干性材料

细砂糖1	70克
低筋面粉	80克
玉米淀粉	20克
可可粉	20克
泡打粉	8克
细砂糖2	100克
盐	2克
塔塔粉	2克

湿性材料

牛奶	80克
植物油	60克
香草精	2克
蛋黄	100克
蛋白	150克

材料干湿性对比

干性材料：湿性材料= 302：392

制作准备

1. 将所有粉类过筛。
2. 将香草荚取籽，备用。

制作过程

1. 将细砂糖1、牛奶混合，用手持搅拌器搅拌至糖化，加入植物油、香草精、蛋黄搅拌均匀。再加入过筛的粉类搅拌均匀。
2. 将150克蛋白放入厨师机中，分次加入细砂糖2进行打发，加入盐和塔塔粉。打发至蛋白泡沫呈现鸡尾状（湿性发泡）。
3. 将步骤2加入步骤1中，用橡皮刮刀以翻拌的手法拌匀。倒入铺有油纸的烤盘中，用抹刀抹平，放入烤箱中，以160℃烘烤16~18分钟。
4. 取出，晾凉。

小贴士

底坯用于产品组装，为了整体口感的统一性，底坯需要去除表皮，可以在蛋糕烤好取出后，倒扣在冷的烤盘中，使其表皮与烤盘粘在一起，可以帮助去除表皮。

1a

1b

2

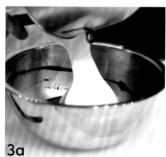
3a

3b

3c

4

巧克力侯爵夫人

组合介绍

在巧克力戚风蛋糕表面抹一层芒果果酱（果冻），使用圆形圈模进行第一次切割，在圆形底坯的基础上以圆心为基点减去约1/4的体积，可制成半球形。之后与巧克力奶油、甘纳许和水果慕斯等进行组合。

巧克力侯爵夫人内部图

软绵芝士蛋糕

戚风蛋糕的绵软质地是其鲜明的特点，如果将芝士融入其中，产品组织和风味都会变得更加细腻。制作中加入少许盐，可以使整体口感更加和谐，回味悠长。

用　　量： 使用6英寸椭圆形蛋糕模具，可以制作4个。

适用范围： 建议单独制作成型。

配方

干性材料

低筋面粉	60克
玉米淀粉	20克
盐	1克
细砂糖	140克
塔塔粉	适量

湿性材料

蛋白	250克
蛋黄	100克
黄油	50克
奶油奶酪	250克
牛奶	100克

材料干湿性对比

干性材料：湿性材料= 221：750

材料说明

- **奶油奶酪：** 英文名Cream Cheese，是牛奶和牛奶制品通过发酵制作的一类产品，奶油奶酪的品牌有很多，不同品牌的风味各有偏重，有的偏酸、有的偏甜、有的偏咸香。
- **盐：** 加入蛋糕中的作用是调味，可以中和甜味和延长余味。而且在打发蛋白时加入盐，有利于蛋白的打发和稳定蛋白起泡。
- **玉米淀粉：** 首先玉米淀粉可以弱化面粉筋度，其次玉米淀粉可以保持黏度，从而抑制面糊的黏性。用玉米淀粉替换部分低筋面粉制作出的蛋糕口感更为轻盈，组织更为细腻。
- **塔塔粉：** 打发蛋白时加入可以中和其碱性，稳定蛋白的发泡。

制作过程

1. 将牛奶、奶油奶酪和黄油放入盆中，隔水加热，用手动打蛋器搅拌至质地顺滑，无颗粒。
2. 加入蛋黄搅拌均匀，加入过筛的低筋面粉和玉米淀粉，搅拌混合均匀。
3. 将制作好的步骤2隔冰水降温。
4. 蛋白中加入细砂糖、塔塔粉和盐的混合物，打发至湿性状态。
5. 分次将打发蛋白倒入步骤3中，用刮刀翻拌均匀。
6. 将制作好的蛋糕糊倒入椭圆形的蛋糕模具中，约七分满，轻震消除大气泡。在烤盘中倒入高度约1厘米的热水，放入蛋糕模具，送入烤箱，以上火180℃、下火160℃烘烤10分钟，然后将温度调至上火160℃、下火150℃，烘烤50~60分钟。

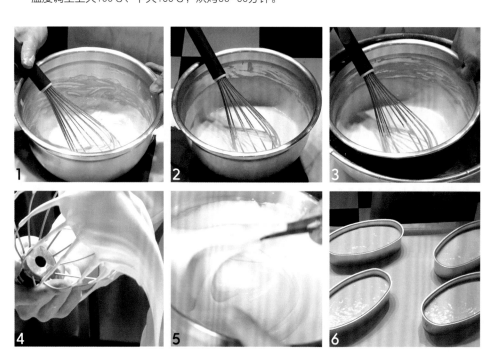

组合介绍
　　可以使用不同的模具制作出不同
的样式，单独食用或售卖。

烫面蛋糕卷

本款产品是在戚风蛋糕的基础上加入了烫面处理。烫面是指产生糊化的面粉（利用面粉中的淀粉与水在高温下可产生糊化现象），使用烫面可以提高蛋糕整体的含水量，提高产品的软糯感。

用　　量： 使用30厘米×40厘米的烤盘，可以制作2盘。

适用范围： 可以单独制作成型，单独食用；可以作为蛋糕卷支撑底坯，叠加奶油、水果等材料进行组合。

配方

干性材料

低筋面粉	140克
细砂糖	120克

湿性材料

黄油	100克
全蛋	110克
蛋黄	125克
蛋白	350克
牛奶	180克

材料干湿性对比

干性材料：湿性材料＝260：865

制作过程

1. 将黄油用火加热至沸腾，离火。
2. 加入过筛的低筋面粉，快速搅拌均匀。
3. 分次加入全蛋搅拌均匀，再加入蛋黄混合均匀。
4. 将牛奶加热至70~80℃，缓慢倒入步骤3中搅拌均匀至顺滑流动状态。
5. 过滤。
6. 在蛋白中分次加入细砂糖，打发至泡沫能形成较大的弯钩状（湿性发泡）。
7. 将打发好的蛋白霜分次同步骤5混合，翻拌均匀。
8. 将制作好的蛋糕糊倒入烤盘中，抹平表面。
9. 在大烤盘中垫上报纸，并倒入水完全浸湿。将蛋糕烤盘放在其中，送入烤箱，以180℃烘烤20分钟。

水浴烘烤

对于芝士蛋糕、烫面蛋糕等，水浴烘烤是常用的烘烤方式。水浴烘烤有两方面的作用：第一，维持烘烤过程中烤箱内部的湿气，使产品保持高含水量；第二，控制烤箱底部的温度，避免底部过度上色。

水浴烘烤的具体操作：在大烤盘中倒入温水至1~2厘米高度，再将装有产品的烤盘放入其中，也可以如上述产品这样操作。

组合介绍

在蛋糕卷底面上刷一层风味糖浆，叠加一层香缇奶油，根据喜好撒适量的栗子。卷起后冷藏定型，在表面撒糖粉、挤奶油纹路，切块后摆放栗子等装饰。

芝士布雪

本款产品制作除了使用烫面外，还使用了芝士相关材料，制型时采用了挤裱的形式，烘烤成小圆饼。产品内部绵软带有微糯感，乳香浓郁，风味和质地都比较突出。

用　量： 直径6.5厘米的圆饼，可制作35~40个。

适用范围： 可以单独制作成型食用，也可以叠加奶油奶酪相关馅料、水果等材料进行组合。

配方

干性材料

低筋面粉	100克
泡打粉	2克
细砂糖	175克
海藻糖	25克
蛋白粉	3克

湿性材料

全蛋	110克
蛋黄	88克
蛋白	275克
黄油	110克
牛奶	110克
奶油奶酪	60克

材料干湿性对比

干性材料：湿性材料＝305：753

材料说明

● **海藻糖：** 甜度适中；保水性好，可以锁住蛋糕水分，延长保质期。在一定温度范围加热的条件下，短时间内不会发生褐变反应，对食品表面烘烤上色有一定的减弱作用。

制作准备

将低筋面粉和泡打粉混合过筛，备用。

制作过程

1. 将黄油、奶油奶酪和牛奶加入奶锅中，小火加热，用手动打蛋器混合搅拌均匀，煮至沸腾。
2. 加入过筛的粉类，快速拌匀成团，再将其倒入搅拌缸中。
3. 边搅拌边少量多次加入蛋黄和全蛋的混合物，直至混合均匀。
4. 在蛋白中加入海藻糖、蛋白粉打发，期间分次加入细砂糖，打发至蛋白泡沫能形成大的弯钩状（湿性发泡）。
5. 将一部分步骤4加入步骤3中，用橡皮刮刀拌匀，再倒回剩余的步骤4中，搅拌均匀。
6. 将面糊装入带有圆形花嘴的裱花袋中，在铺硅胶垫的烤盘上挤出直径6.5厘米的圆形。
7. 放入烤箱中，以上火160℃、下火140℃烘烤8分钟。打开风门，再烘烤10~13分钟。
8. 出炉，将蛋糕盘放置在网架上，室温冷却，备用。

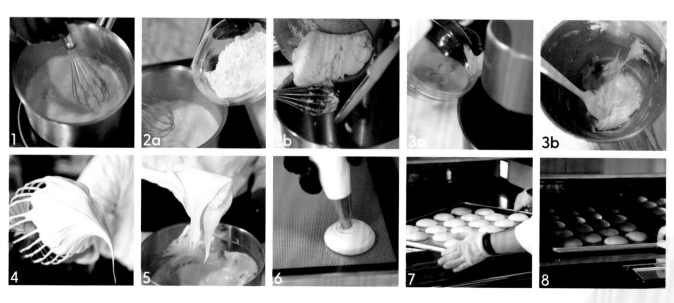

组合介绍

 以本款产品的样式为例，在每块底坯底面中心处挤上奶油奶酪馅料，再盖上另一片底坯，组成夹心式甜品。

热那亚蛋糕

　　热那亚蛋糕制作中加入了杏仁膏，同全蛋一起打发，成品杏仁香味浓郁，口感扎实，是法式甜品组装常用的底坯之一。

　　杏仁膏是杏仁粉和糖混合制作而成的膏状物，是热那亚蛋糕的必备材料之一，可以赋予蛋糕醇厚的坚果香味，蛋糕的湿润度也较好。制作热那亚蛋糕时一般使用50%~60%的杏仁膏，一般杏仁含量越高，杏仁的香味越突出，油脂含量也相对更高。

相关说明

杏仁膏的软化、搅拌

　　杏仁膏在使用之前需要软化，可以将其切成小块放在室温下软化，或者放入微波炉中短时间软化。

　　将软化的杏仁膏放入搅拌缸中，需先用扇形搅拌器搅拌开，再更换网状搅拌器，分次加入蛋液搅拌混合。

● **材料干湿性占比**

干性材料占比：10%~20%。

湿性材料占比：80%~90%。

● **底坯特点**

浓郁的杏仁香味，口感湿润、柔软，质地致密、有弹性。

● **塑形工具**

模具、烤盘。

● **风味材料**

可使用抹茶粉、可可粉、果蔬粉等替换部分低筋面粉，也可以使用果泥、果皮屑、调味酒、巧克力等。

热那亚蛋糕

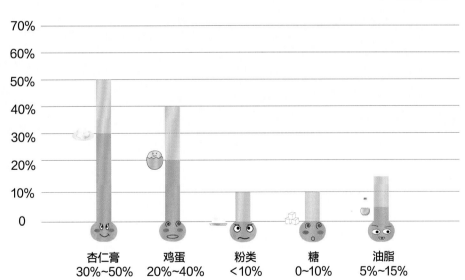

（一般性产品）

- 最低使用占比
- 调节范围

杏仁膏 30%~50%　鸡蛋 20%~40%　粉类 <10%　糖 0~10%　油脂 5%~15%

基础热那亚蛋糕

用　　量： 使用边长23.5厘米的正方形模具，可以制作1盘。

适用范围： 可以使用磅蛋糕模具单独制作成型；可以搭配清新型馅料组合；可以配合酥饼、蛋糕底坯等组合，使底坯形成多种质地。

相关说明

杏仁膏的油脂和糖含量都比较高，制作的蛋糕风味比较突出。蛋糕的蓬松主要来自蛋液和杏仁膏打发时的气体裹入和泡打粉。产品质地细腻，支撑能力较好，可以搭配多个层次营造丰富体验。

配方

干性材料

低筋面粉	85克
泡打粉	3.5克
盐	3克

湿性材料

杏仁膏	400克
全蛋	550克
黄油	145克

材料干湿性对比

干性材料：湿性材料＝91.5∶1095

制作准备

1. 将黄油提前熔化成液体。
2. 将泡打粉和低筋面粉混合过筛。

制作过程

1. 将杏仁膏用手撕成小块放入搅拌缸中，加入盐，用扇形搅拌器以中低速搅拌至软。
2. 再转慢速，分次加入全蛋搅打至质地顺滑。
3. 加入过筛后的粉类混合物，继续搅拌均匀。
4. 取部分步骤3面糊同黄油混合，搅拌均匀。
5. 再将其全部倒入剩余的面糊中，用刮刀翻拌均匀。
6. 将蛋糕糊倒入硅胶模具中（本次使用模具尺寸：边长23.5厘米、高5厘米），放入烤箱中，以170℃烘烤15分钟。
7. 取出，将蛋糕放在网架上晾凉，脱模，根据需求使用圈模对饼底进行切割。

柚子草莓挞

组合介绍

　　整体是上下结构，底部使用挞模对油酥面团进行塑形，内部填充草莓果酱、基础热那亚蛋糕；上部使用半球形模具制作的柚子奶油进行层次叠加。

柚子草莓挞内部图

抹茶热那亚

用　　量： 使用边长14.5厘米、高5厘米的正方形模具，可以制作1盘。

适用范围： 可以使用蛋糕模具单独制作成型，也可以搭配抹茶类馅料组合成型。

相关说明

在热那亚蛋糕的基础上，加入适量抹茶粉，增加风味。本次热那亚饼底不再作为主体支撑层次，而是切割成块状制成装饰物放在产品表面，也是一种装饰风格。

配方

干性材料

低筋面粉	37克
糖粉	25克
抹茶粉	5克
泡打粉	2.5克

湿性材料

杏仁膏	185克
全蛋	125克
黄油	50克

材料干湿性对比

干性材料：湿性材料 = 69.5 : 360

制作准备

1. 将泡打粉和低筋面粉混合过筛。
2. 将黄油用微波炉加热熔化成液体。

制作过程

1. 将杏仁膏、糖粉和抹茶粉加入搅拌缸中，用扇形搅拌器混合均匀。
2. 分次加入全蛋，搅拌均匀。
3. 加入过筛后的粉类，用刮刀翻拌均匀。
4. 取少许步骤3同黄油混合，搅拌均匀。
5. 再倒回搅拌缸中，继续搅拌均匀。
6. 将制作好的蛋糕糊倒入模具中，用抹刀抹平表面。
7. 放入烤箱中，以170℃烘烤18分钟。
8. 取出，用刀轻划四周，帮助蛋糕脱模，晾凉，之后根据需求对蛋糕进行切割。

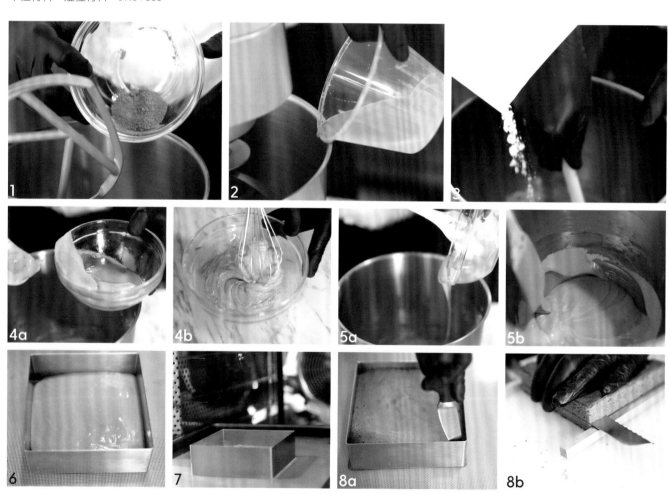

示例产品

抹茶车厘子闪电泡芙

组合介绍

以泡芙为主体支撑层次，内部空洞处填充抹茶酱料、车厘子啫喱等，外部装饰块状的抹茶热那亚，整体喷绿色喷面。

抹茶车厘子闪电泡芙内部图

青柠热那亚

用　　量： 使用40厘米×60厘米的烤盘，可以制作1盘。

适用范围： 可以搭配水果类（酸性）馅料进行组合。

本次制作使用了两种比较有特色的材料，青柠和焦化黄油。油脂风味突出，青柠有平衡和补充作用，口感层次比较多，底坯风味的特点突出。

配方

干性材料

低筋面粉	85克
泡打粉	3.5克
盐	3.5克
青柠皮屑	1个

湿性材料

杏仁膏	400克
全蛋	550克
黄油	145克

材料干湿性对比

干性材料：湿性材料＝ 92：1095

材料说明

● **青柠皮屑：** 将青柠清洗干净后，在刨皮器上擦出皮屑即可。本次制作使用一个青柠，可以根据需求和喜好添加或减少用量。

制作过程

1. 将杏仁膏加入搅拌缸中，用扇形搅拌器搅打变软，再换成网状搅拌器，分次加入全蛋，搅拌均匀。

2. 加入青柠皮屑，搅拌均匀。

3. 把黄油倒入奶锅中煮至焦糖色，过滤后倒入步骤2中，混合搅拌均匀。

4. 加入过筛的盐、泡打粉和低筋面粉，翻拌均匀。

5. 将制作好的面糊倒入平底硅胶垫上，用曲柄抹刀抹平，放入烤箱中，以上下火170℃烘烤12分钟。

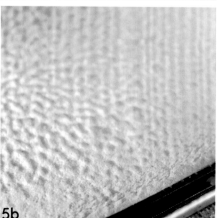

示例产品　柑橘之味

组合介绍

以青柠热那亚为基础支撑层次，叠加西柚慕斯、橙子烤布蕾、橙子果酱等，整体以水果风味为主，青柠热那亚增加了厚重感，使产品层次更加丰富。

香橙热那亚

用　　量： 使用长11厘米、宽6厘米、高5厘米的磅蛋
糕模具，可以制作4个。

适用范围： 可以单独成型食用，也可以搭配橙子相关
馅料组合产品。

　　本款产品的组织比较细腻，
面糊比重较大，制作流程类似重
油蛋糕的制作方法，口感厚重。
材料中带有糖渍香橙丁和力娇
酒，对厚重感有平衡效果。

配方

干性材料

低筋面粉	45克
玉米淀粉	45克
糖渍香橙丁	140克

湿性材料

杏仁膏	500克
全蛋	320克
蜂蜜	50克
转化糖	50克
柑曼怡（力娇酒）	40克
黄油	150克

材料干湿性对比

干性材料：湿性材料＝ 230∶1100

制作准备

1. 将黄油熔化。
2. 将低筋面粉和玉米淀粉混合过筛。
3. 将糖渍香橙切丁备用。

制作过程

1. 在搅拌缸中加入杏仁膏、蜂蜜和转化糖，用网状搅拌器搅拌均匀，期间分次加入全蛋，搅拌
   打发。
2. 加入粉类混合物，搅拌均匀。
3. 加入黄油，搅拌均匀。
4. 加入柑曼怡（力娇酒）和糖渍香橙丁，混合均匀即可。
5. 将制作好的蛋糕糊倒入模具中，约至九分满，入烤箱，以150℃烘烤约25分钟。
6. 出炉，趁热将蛋糕倒扣脱模，晾凉。

示例产品 香橙热那亚

组合介绍

蛋糕出炉后，趁热脱模，在表面刷一层杏桃果胶，可以更好地保持蛋糕内的水分不流失。晾凉后，在表面筛糖粉，摆放橙子片、巧克力片进行蛋糕装饰。

开心果热那亚

用　　量： 使用30厘米×40厘米的烤盘模具，可以制作1盘。

适用范围： 可以搭配开心果相关馅料组合产品，也可以组合水果（酸性）相关馅料。

相关说明

使用开心果相关材料进行产品制作，整体带有特殊的风味特色，香味比较浓郁，口感厚重，且有比较鲜明的色彩风格。

配方

干性材料

细砂糖	15克
低筋面粉	25克
开心果粉	15克
泡打粉	2克

湿性材料

杏仁膏	100克
全蛋	120克
黄油	31克
牛奶	15克
开心果泥	11克

材料干湿性对比

干性材料：湿性材料＝57：277

制作准备

1. 将黄油、开心果泥和牛奶倒入盆中，隔水加热至材料完全融合。
2. 将所有粉类混合过筛，备用。

制作过程

1. 将杏仁膏放入搅拌缸中，用扇形搅拌器搅打至软，再缓慢加入全蛋，至材料基本混合。
2. 加入细砂糖，混合均匀，隔热水加热至35℃。
3. 用网状搅拌器进行打发，至整体颜色发白、质地浓稠。
4. 加入过筛的粉类，混合搅拌均匀。
5. 缓慢加入牛奶、黄油和开心果泥的混合物，用刮刀搅拌均匀。
6. 将制作好的蛋糕糊倒入铺有油纸的烤盘中，用刮片将表面抹平。
7. 轻震一下烤盘，入烤箱，以上火180℃、下火160℃烘烤7分钟。
8. 出炉，提起两端油纸将蛋糕从烤盘中取出，去除油纸，冷却备用。

小贴士

蛋糕经过烘烤之后，表层会结成一层皮，其质地、色彩和口感与内部都有一定的区别，用于组合时，可以用手轻搓表面将其去除。

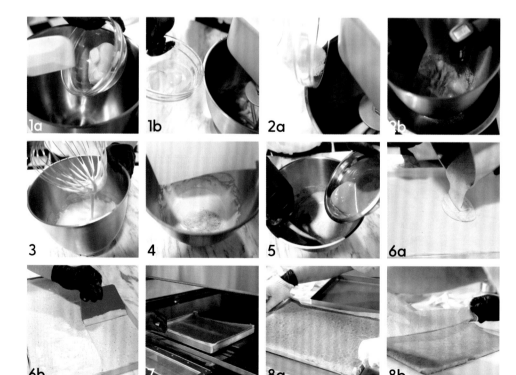

示例产品
小欢喜

组合介绍

使用草莓慕斯做主体层次，以开心果热那亚作为主要支撑层次，加深口感上的深度延续。再以草莓果酱和开心果慕斯作为平衡和补充层次，外部使用草莓白巧克力淋面做主要装饰。

小欢喜内部图

巧克力热那亚

用　　量： 使用40厘米×60厘米的烤盘模具，可以制作2盘。
适用范围： 可以搭配巧克力相关馅料组合产品。

添加了可可粉和黑巧克力，是一款可可风味蛋糕。黑巧克力中含有一定量的油脂成分，可以增加产品的湿润度。

配方

干性材料

低筋面粉	59克
泡打粉	3.5克
可可粉	28克
幼砂糖	50克

湿性材料

杏仁膏	278克
全蛋	310克
黑巧克力	55克
黄油	34克

材料干湿性对比

干性材料：湿性材料= 140.5：677

制作准备

1. 将巧克力和黄油隔水熔化，维持温度在50℃，备用。
2. 将低筋面粉、泡打粉和可可粉混合过筛，备用。

制作过程

1. 将杏仁膏用微波炉稍稍加热至软，与幼砂糖一起放入搅拌缸中，用网状搅拌器混合均匀，再分次加入全蛋，持续搅拌至浓稠状。
2. 倒入搅拌盆中，加入过筛的粉类，用刮刀翻拌均匀。
3. 取少许步骤2，同黑巧克力、黄油混合物充分搅拌至均匀。
4. 将步骤3倒回剩余的步骤2中，用刮刀翻拌均匀。
5. 将制作好的蛋糕糊倒入铺着烤盘垫的烤盘中，用曲柄抹刀将表面抹平。
6. 送入烤箱，以180℃烘烤15分钟，出炉后立刻在表面包上保鲜膜（可以保持蛋糕柔软湿润），冷却降温。
7. 将冷却好的蛋糕底部朝上，用圆形慕斯圈切压出大小合适的圆形饼底即可。

和谐巧克力

组合介绍

    以巧克力慕斯为主体层次，内部填充巧克力热那亚作为支撑，以伯爵红茶甘纳许、覆盆子果冻为质地和口感上的补充和平衡，外部使用红色镜面装饰。顶部使用硅胶模具制作的慕斯做层次装饰。

和谐巧克力内部图

杏仁生姜

生姜汁给底坯带来特殊的风味。用玉米淀粉替代部分低筋面粉，可以弱化面粉筋度，使蛋糕口感更为轻盈，组织更为细腻。

用　　量： 使用40厘米×60厘米的烤盘模具，可以制作1盘。

适用范围： 具有强烈的刺激香味，但是与基本味不冲突，喜欢的话可以与多数产品组合。

配方

干性材料

糖粉	102克
低筋面粉	50克
玉米淀粉	50克
泡打粉	2克

湿性材料

杏仁膏	337克
全蛋	304克
蛋黄	101克
生姜汁	13克

材料干湿性对比

干性材料：湿性材料＝ 204：755

制作过程

1. 将杏仁膏切块放入微波炉稍微软化，放入搅拌缸中，用网状搅拌器进行搅打，期间分次加入全蛋和蛋黄的混合物，持续搅拌至形成具有一定流动性的浓稠状。
2. 加入过筛的糖粉，用刮刀翻拌均匀。
3. 加入生姜汁，再加入过筛的玉米淀粉、低筋面粉和泡打粉，用刮刀翻拌均匀。
4. 将制作好的蛋糕糊倒入铺有油纸的烤盘中，将表面抹平，送入烤箱中，以190℃烘烤12分钟。
5. 出炉，连油纸和蛋糕一起放在网架上冷却。

示例产品

卡米尔

组合介绍

　　以白巧克力奶酪慕斯为主体层次，内部用杏仁生姜为支撑，用酒浸无花果作为质地和口感的补充。表面装饰使用无花果内外呼应，用巧克力片做造型。

卡米尔内部图

杏仁热那亚

热那亚蛋糕的总体特点是坚果风味浓郁，油脂丰富。本款产品在外形上做了有趣的改变，依靠模具，可以在造型上赋予产品更多的可能。

用　　量： 直径7厘米、高2厘米的圈模，可以制作22个。

适用范围： 可以单独成型，也可以配合基础奶油或水果馅料进行组合。

配方

干性材料

低筋面粉	31克
泡打粉	4克

湿性材料

杏仁膏	350克
蜂蜜	10克
全蛋	137克
蛋黄	46克
黄油	80克

材料干湿性对比

干性材料∶湿性材料＝35∶623

制作准备

1. 将黄油熔化。
2. 模具准备：在模具的内侧涂上软化的黄油，粘上杏仁碎，摆放在铺有高温垫的烤盘上备用。

制作过程

1. 在搅拌缸中加入杏仁膏、蜂蜜，用扇形搅拌器搅打至混合均匀。
2. 换用网状搅拌器，分次加入全蛋、蛋黄，搅拌至整体呈浓稠的流体状。
3. 加入过筛的低筋面粉和泡打粉，搅拌均匀。
4. 边加入黄油边混合搅拌均匀，之后将面糊装入带圆形裱花嘴的裱花袋中。
5. 将面糊挤入模具中，送入烤箱，以上火170℃、下火160℃，烘烤15分钟左右。
6. 出炉后，趁热脱模（可以在表面刷上朗姆酒糖浆，有提香解腻的功效）。

示例产品　水果花环

组合介绍

以杏仁热那亚做基础支撑，表面抹上一层树莓果酱，在边缘部分用香缇奶油围边，表面摆放水果粒。

099

达克瓦兹

达克瓦兹属于蛋白霜蛋糕，在打发的蛋白中加入杏仁粉和糖粉（杏仁TPT）等产品制作而成。

杏仁粉等坚果粉的高油脂含量使蛋糕具有很好的保湿性，糖粉能使蛋白霜质地更加细致，也能帮助气泡更加坚挺。

达克瓦兹大部分时候作为底部支撑出现在甜品的组装中，比较适宜搭配厚重的奶油和果味产品，也可以直接做成达克瓦兹饼干。

相关说明

达克瓦兹的面糊一般饱满膨松，用刮刀舀起面糊呈大块掉落状态，流动性弱。塑形能力较好，基本上都可以通过挤裱来成型。

达克瓦兹在入炉前，需要在表面筛两次糖粉，这样做主要是为了在底坯表面形成一层糖膜，使之在烘烤完成后有酥脆的口感。

烘烤完成后的底坯极易吸水，单独存放时，需要用保鲜膜密封保存。如果与其他慕斯等馅料组合，为了维持底坯的质地特性，可以在底坯外刷一层熔化的可可脂作为隔离层，再进行组合组装。

● **材料干湿性占比**

干性材料占比：60%~70%。

湿性材料占比：30%~40%。

● **底坯特点**

底坯质感轻盈、表皮微脆、口感略甜。烘烤之后表皮会有一层薄薄的糖壳，内部湿润柔软。

● **塑形工具**

模具、烤盘、挤裱工具。

● **风味材料**

1）粉类：榛子粉等坚果粉、可可粉等。

2）其他材料：坚果碎、椰丝、可可碎等。

达克瓦兹

■ 最低使用占比　　■ 调节范围

（一般性产品）

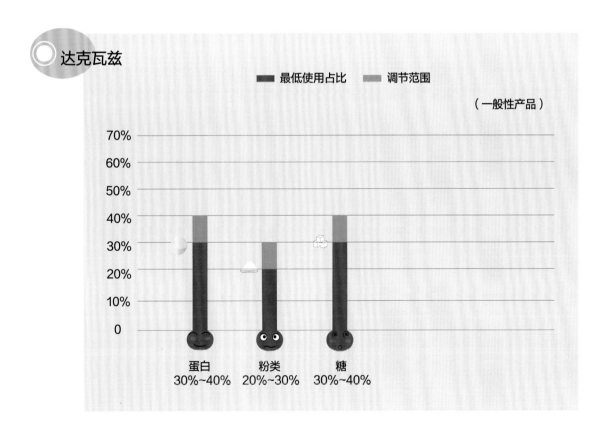

蛋白	粉类	糖
30%~40%	20%~30%	30%~40%

杏仁达克瓦兹

以打发蛋白为膨胀基础，后期混合杏仁粉等材料，是比较基础的达克瓦兹，材料组成不复杂。在造型上有巧思创意，比较有趣。

用　　量： 根据使用的模具大小而定。

适用范围： 使用挤裱的方式将底坯制作成凹形，造型独特且带有功能性，可以在中心部位叠加馅料层次，口感风味比较百搭。

配方

干性材料

杏仁粉	152克
糖粉	178克
幼砂糖	64克

湿性材料

蛋白	200克

材料干湿性对比

干性材料：湿性材料= 394∶200

制作过程

1. 将杏仁粉与糖粉混合过筛。
2. 将蛋白与幼砂糖加入搅拌缸中，用网状搅拌器打发，至泡沫能形成较小的鸡尾状（中性偏干状态）。
3. 将过筛的粉类边倒入打发蛋白中边用刮刀翻拌均匀，形成具有流动性的绸缎状面糊（光滑、细腻）。
4. 将制作好的蛋糕糊装入裱花袋中，以绕圈方式挤入圈模中，边缘处依次挤出小圆饼。
5. 在表面筛两遍糖粉。送入烤箱中，以165℃烘烤20~25分钟。
6. 出炉，脱模，晾凉。

1　　2　　3　　4a

4b　　5　　6

组合介绍

　　以杏仁达克瓦兹为基础支撑，在表面撒一层糖粉，在中心处挤入奶油，放一层菠萝块，接着用锯齿裱花嘴挤出开心果香缇奶油，表面撒开心果碎。坚果风味浓郁，水果块有平衡效果。

开心果达克瓦兹

在达克瓦兹的基础上添加开心果碎，赋予产品新的基调。后期底坯面糊通过挤裱的方式制作出形状，可以加适量蛋白粉，帮助维持泡沫稳定。

用　量： 使用40厘米×60厘米的烤盘，可制作1盘。

适用范围： 与开心果相关的馅料组合，也可以单独制作成型，当作小饼干食用。

配方

干性材料

杏仁粉	168克
糖粉	112.5克
细砂糖	100克
蛋白粉	15克
开心果碎	100克

湿性材料

蛋白	280克

材料干湿性对比

干性材料：湿性材料＝495.5：280

制作准备

将杏仁粉和糖粉混合过筛，备用。

制作过程

1. 在蛋白中加入细砂糖和蛋白粉，打发至蛋白泡沫能形成较小的尖（干性发泡）。
2. 缓慢加入杏仁粉和糖粉的混合物，期间用刮刀翻拌均匀，装入带有大号圆花嘴的裱花袋中。
3. 在铺有油纸的烤盘中，将面糊挤出相连的长条。
4. 在表面筛糖粉，待糖粉吸收后再筛一次糖粉，在表面均匀撒上开心果碎。
5. 入烤箱中，以上火180℃、下火160℃烘烤23分钟左右，至表面微微上色就出炉，冷却后裁出合适大小的饼底。

组合介绍

　　以开心果达克瓦兹为基础支撑，表面叠加巧克力慕斯（填充糖渍黑樱桃来平衡质地），上面放另一款不同质地的巧克力底坯，再叠加开心果慕斯，成型后，表面喷上绿色喷面，之后切块。

椰香达克瓦兹

在达克瓦兹制作的基础上，添加一定量的椰丝，给产品赋予了主题风味，有很明显的个性特点。

用　　量： 使用40厘米×60厘米的烤盘，可制作1盘。

适用范围： 与水果相关的馅料组合，也可以单独制作成型，当作小饼干食用。

配方

干性材料

杏仁粉	50克
糖粉	250克
细砂糖	100克
椰丝	200克

湿性材料

蛋白	300克

材料干湿性对比

干性材料：湿性材料= 600：300

制作过程

1. 将蛋白和细砂糖加入搅拌缸中，用网状搅拌器打发至蛋白泡沫能形成较小的尖（干性发泡）。

2. 加入过筛的糖粉、杏仁粉，再加入椰丝，用刮刀翻拌均匀。

3. 将制作好的蛋糕糊倒入铺有油纸的烤盘中，用抹刀抹平。

4. 在表面筛两次糖粉，入烤箱中，以180℃烘烤15~20分钟。

5. 取出，晾凉，用刀将底坯切割成所需样式。

组合介绍

　　本次示例是杯装甜品，无须依赖支撑层次，使用底坯进行甜品组合的主要作用是丰富产品质地和平衡层次。杯子从下至上的层次依次是：草莓果酱、草莓轻奶油、块状的达克瓦兹、水果颗粒（树莓、草莓）、草莓轻奶油、水果颗粒和达克瓦兹块。杯装填充需要考虑层次色彩、组装高度，根据实际杯型可以变换组合方法。

榛子达克瓦兹

达克瓦兹一般使用的粉类是杏仁粉，但也可替换成其他坚果粉。本款产品制作使用榛子粉，并添加一定的榛子碎，整体质地丰富，风味突出。

用　　量： 使用40厘米×60厘米的烤盘，可制作1盘。

适用范围： 建议与榛子相关馅料组合，也可以单独制作成型，当作小饼干食用。

配方

干性材料

榛子粉	285克
糖粉	285克
幼砂糖	87.5克
榛子碎	150克
糖粉（装饰）	适量

湿性材料

蛋白	355克

材料干湿性对比

干性材料：湿性材料＝807.5：355

制作过程

1. 在搅拌缸内加入蛋白和幼砂糖，打发至蛋白泡沫能形成较小的尖（干性发泡）。
2. 将糖粉和榛子粉过筛，用手动打蛋器混合均匀。
3. 将步骤2倒入打发的蛋白中，用刮刀翻拌均匀。
4. 将制作好的面糊倒入铺有不粘垫的烤盘内，用曲柄抹刀抹平。
5. 在蛋糕糊表面均匀撒入榛子碎。
6. 在表面筛一层装饰糖粉，送入烤箱中，以170℃烘烤5分钟。
7. 取出，在蛋糕表面再筛一层糖粉，放入烤箱中，以170℃继续烘烤约15分钟。
8. 取出，晾凉，根据需求进行切割。

组合介绍

　　用模具将底坯切割成合适大小，按照榛子达克瓦兹、盐之花焦糖馅料、榛子达克瓦兹、榛子奶油、焦糖淋面依次叠加组合。定型完成后，根据需求切块。后期使用黄色巧克力片进行侧面包围装饰。

调整型榛子达克瓦兹

本次配方中使用低筋面粉调整底坯的韧性，使用海藻糖调整底坯的甜度，是一款调整型达克瓦兹产品。成型时使用裱花嘴进行塑形，可以自由发挥。

用　　量： 约35个直径5厘米的小圆饼。

适用范围： 建议与榛子相关馅料组合，也可以单独制作成型，当作小饼干食用。

配方

干性材料

低筋面粉	24克
榛子粉	80克
糖粉	80克
细砂糖	16克
海藻糖	16克
蛋白粉	1克
糖粉（装饰）	适量

湿性材料

蛋白	100克

材料干湿性对比

干性材料：湿性材料= 217：100

制作过程

1. 将低筋面粉、榛子粉和糖粉混合，进行两次过筛。
2. 将蛋白、细砂糖、海藻糖和蛋白粉加入搅拌桶中打发，至蛋白泡沫能形成鸡尾状（中性偏湿状态）。
3. 将过筛的粉类混合物分次加入步骤2中，用刮刀翻拌均匀。
4. 将制作好的蛋糕糊装入带有圆形花嘴的裱花袋中，在硅胶垫上以旋转绕圈的方式挤出直径5厘米的圆饼状。
5. 在面糊表面筛一次糖粉，待表面稍稍吸收后，再筛第二次糖粉。
6. 入烤箱，以170℃烤制15分钟左右。
7. 取出，冷却，备用。

榛果风味蛋糕

组合介绍

　　以巧克力慕斯为主体层次，填入模具中做出外框结构，内部填充榛子酱奶油+榛果巧克力黄油薄脆+巧克力海绵蛋糕的冷冻定型结合体，再填入巧克力慕斯覆盖，用上述产品做封底。定型后倒扣过来，表面喷砂即可。

榛果风味蛋糕内部图

蛋白饼

　　蛋白饼是在法式蛋白霜的基础上制作的，粉类材料可加可不加，之后经由低温长时间烘烤制作而成，也可以称为蛋白霜脆饼。

　　如果想给法式蛋白霜增添风味，可以加入坚果粉、可可粉或色粉等材料进行调节。

● 基础材料占比

干性材料：60%~70%。

湿性材料：25%~35%。

● 底坯特点

甜度较高，质地比较突出，支撑能力比较强，无特殊风味，外壳松脆、内部组织干燥。

● 塑形工具

模具、挤裱成型。

蛋白霜（模具）

　　本款产品的打发蛋白用糖比较多，蛋白泡沫黏度比较高，打发完成后蛋白霜表面依然带有糖颗粒。除了打发用糖外，额外还会加入糖。这些糖颗粒在烘烤之后会呈现不一样的质地，后期成品表面有糖颗粒，口感更清脆。

用　　量：根据模具尺寸而定。

适用范围：建议与酸性水果馅料组合。

配方

干性材料

细砂糖1	266克
细砂糖2	66克
玉米淀粉	20克

湿性材料

蛋白	160克

材料干湿性对比

干性材料：湿性材料= 352：160

制作过程

1. 准备40℃左右的热水，后期用于处理模具。将蛋白霜挤入模具后，可以帮助边缘处塑形。
2. 将玉米淀粉过筛备用。

制作过程

1. 在蛋白中分次加入细砂糖1，开始打发，至蛋白泡沫能够形成较小的弯钩状（干性发泡）（用糖较多，蛋白泡沫表面会有未完全融合的糖颗粒）。
2. 将细砂糖2和过筛的玉米淀粉混合，分次加入步骤1中，用刮刀翻拌均匀。
3. 用40℃左右的温水烫模具，再快速在毛巾上磕掉多余的水分，将制作好的蛋白霜挤入带有余温的圈模中，用小抹刀抹平表面，去掉模具，送入烤箱中，以110℃烘烤90分钟。

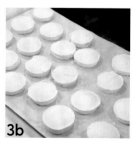

青柠覆盆子甜点

组合介绍

　　用模具将蛋白霜制作成有一定高度的圆底坯，在表面挤一层覆盆子果酱，再盖一个蛋白霜底坯。使用抹刀在侧面涂一层香缇奶油，粘裹一层切碎的蛋白霜底坯。通过裱花嘴将香缇奶油在表面挤裱出连续的S形纹路。

青柠覆盆子甜点内部图

榛果蛋白霜（挤裱）

本款产品制作用两种糖：细砂糖用于蛋白打发；糖粉用于后期混合。糖粉中含有玉米淀粉，可以使底坯更加细腻。蛋白霜挤裱成型后，在表面撒榛子碎，丰富产品风味和质地层次。

用　　量： 直径15厘米的圆饼约5个。
适用范围： 可以与榛子相关馅料组合。

配方

干性材料

细砂糖	100克
糖粉	100克
香草荚	1根
榛子碎	适量

湿性材料

蛋白	100克

材料干湿性对比

干性材料：湿性材料= 200：100

制作过程

将香草荚取籽备用。

制作过程

1．将香草籽和蛋白放入搅拌缸中，使用网状搅拌器开始打发，期间分次加入细砂糖，至蛋白泡沫能够形成较小的弯钩状（干性发泡）。

2．加入过筛的糖粉，用刮刀翻拌均匀，装入带有圆裱花嘴的裱花袋中。

3．在铺有油纸的烤盘上以螺旋绕圈的形式挤出多个直径15厘米的圆饼。

4．在表面均匀撒满榛子碎。

5．在表面筛两次糖粉，入烤箱中，以130℃烘烤约60分钟。

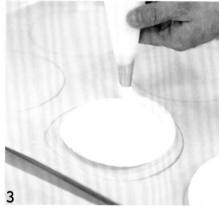

榛果百香果蛋白饼

组合介绍

　　以蛋白饼为基础支撑，整体采用夹心结构，中心填充榛子奶油和百香果芒果冻，其中榛子奶油使用圆形裱花嘴挤裱出一定的形状，带有一定的装饰作用。

榛果百香果蛋白饼内部图

115

重油蛋糕

重油蛋糕也称磅蛋糕、旅行蛋糕，口味浓郁、厚重。在重油蛋糕的面糊中常会加入一些处理后的果干、坚果或糖渍水果等，增加风味的同时可以减轻重油蛋糕的厚重油腻感。

重油蛋糕的制作方式基本有三类。

第一是基础混合法，即面糊搅拌法，不涉及打发，膨发依赖膨发剂。

第二是黄油基础打发法，将黄油与糖混合打发，再加入鸡蛋、面粉等材料进行制作。

第三是全蛋基础打发法，制作方式与全蛋海绵相同，但是油脂占比比海绵高，一般全蛋海绵的油脂占比小于10%或不添加；重油蛋糕的油脂占比在10%~25%。

不同的制作方式，塑造出的重油蛋糕质地和口感有一定的区别。

相关说明

在重油蛋糕中加入果干、果肉等材料，可以适度降低油腻感。

不建议加入新鲜水果，因为新鲜水果会释放大量水分，糖渍水果或果干更适合。如果带有水分的话，需要使用厨房纸巾吸干再加入，避免烘烤后的蛋糕组织出现空洞。

● **干性材料和湿性材料占比**

基本各占50%左右。

如果需要添加果干、坚果碎，那么干性材料略高于湿性材料比重，果干、坚果加入量越大，干性材料比重越大。

如果添加黑巧克力、淡奶油、牛奶等，湿性材料的使用量要比干性材料多一些。

● **配方的基础调整**

1. 当面粉的用量大于鸡蛋时，粉类会吸收鸡蛋中的水分，使蛋糕膨胀度变低，这时可以加入适量泡打粉，或者提高液体材料的量以帮助蛋糕膨胀。

2. 可以使用植物油替换黄油，口味上会缺少奶香，但是口感会更加清爽，即使冷藏，口感也不会变硬。

● **常用添加材料**

可可粉、坚果粉等调味、调色粉类；坚果、果干、糖渍水果、果泥、巧克力、乳脂、调味酒等。

● **底坯特点**

蛋糕口感扎实、口味浓郁。承重性好，蓬松度不如其他蛋糕底坯。

● **塑形工具**

模具。

重油蛋糕

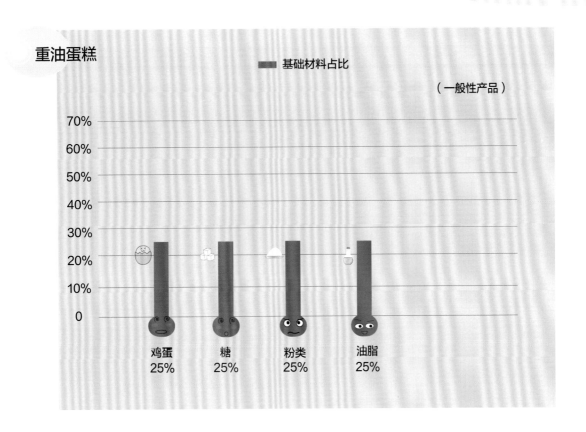

基础材料占比

（一般性产品）

鸡蛋 25% ・ 糖 25% ・ 粉类 25% ・ 油脂 25%

重油蛋糕的常规制作方式

1. 面糊法

使用此种方法制作的蛋糕质地厚重、扎实，黄油味道尤为浓郁。具体制作方法是：将黄油熔化，与所有材料混合均匀成蛋糕糊，倒入模具中，进炉烘烤。用面糊法制作的重油蛋糕需要适度添加泡打粉，用来弥补蛋糕整体的膨胀力。

2. 黄油打发法（糖油拌和法）

一般情况下，将黄油与糖混合打发至体积变大，分次加入蛋液，充分搅拌至乳化，最后加入粉类等材料混合拌匀。此种方法在打发的过程中充入大量空气，蛋糕的膨胀度适中、口感柔软。

延伸——粉油拌合法

除了糖油拌合法，还有一种粉油拌合法：将黄油打发至蓬松状态，加入面粉，混合搅拌均匀；将鸡蛋打发至所需程度；最后将处理好的黄油与鸡蛋混合均匀。

粉油法制作的重油蛋糕，内部纹理更为细腻，口感更为轻盈松软。因为面糊中黄油和鸡蛋均含有气泡，所以烤出来的成品比糖油法膨胀度更高。另外通过粉油法制作重油蛋糕时，面粉整体分散在黄油里，加入鸡蛋以后，面粉吸收水分，使得黄油和鸡蛋不容易分离，面糊之间连接紧密。

全蛋打发法

类似全蛋海绵蛋糕的制作方法，但油类占比要高于全蛋海绵蛋糕，一般大于10%。

全蛋海绵蛋糕膨发度适中、组织绵密细致、口感湿润、柔软度高，油脂一般低于10%。重油蛋糕口感扎实、口味浓郁，以全蛋打发为基础制作的重油蛋糕，轻盈度有所增加，但是油脂成分依然很高。

重点材料介绍——油脂

油脂是重油蛋糕的基础材料之一，添加量较大，黄油、植物油均可使用。黄油是从牛奶中提取的物质，营养丰富。加入黄油可以提升营养价值，赋予蛋糕奶香味。

油脂可以软化、湿润粉类，其乳化性可以使蛋糕更为柔软，改善产品的质地和口感。油脂可以延缓产品的老化，延长蛋糕的保质期。

黄油参与产品制作可以以不同的状态：黄油在4℃以下储存时，硬度比较高；在28℃左右时，黄油呈膏状；在34℃以上，逐渐变成液体；继续加热到一定温度后，黄油液体开始变色，产生特殊风味。

小贴士

鸡蛋可以以全蛋、蛋黄或打发蛋白霜的方式参与制作。其中，加入蛋白霜（打发蛋白）制作的重油蛋糕质地更加轻盈、蓬松，且膨胀也更为明显。

注： 打发黄油时，需要注意蛋液的温度，在打发黄油中加入冷鸡蛋会使温度降低，有可能引起黄油凝固，导致两者难以混合。且最好分次加入，少量多次加入蛋液可以避免油水分离，如果一次性加入过多蛋液，黄油难以吸收，很容易造成油水分离，产品会呈渣滓状。

不同状态的黄油适用不同的产品制作，质地比较硬的黄油一般用于面团底坯类产品及面包制作；打发黄油时需使用膏状或偏膏状的黄油，使用温度在10~20℃。焦黄油又称褐色黄油，带有浓郁奶香。此外还有澄清黄油。

（1）熔化的黄油　适用于制作面糊类、打发蛋类重油蛋糕。用热量将块状黄油加热熔化即可，用明火、隔水加热、微波炉等方式都可以。

黄油

（2）软化的黄油　适用于黄油打发类重油蛋糕。

　　放置室温软化好的黄油更容易打发，且可以更充分地和其他材料混合；但不可以软化过度，如果黄油软化过度，甚至变成液体，就无法进行打发、充入空气。

熔化的黄油

（3）焦黄油　常用于玛德琳、费南雪等产品制作。

　　焦黄油的基本制作方法：将黄油切小块，放入奶锅中加热熔化，继而持续加热，在加热的过程中黄油水分蒸发，发出的声音由大变小，呈现的气泡由大变小，黄油颜色会逐渐变成焦褐色，代表焦黄油制作完成。离火后，为了防止锅的余热持续对黄油加热，可以将锅移到凉水中或凉的湿毛巾上快速降温。

软化的黄油

（4）澄清黄油　适用于一般蛋糕制作。

　　黄油中的成分复杂，所以黄油烟点比其他食用油要低，焦化温度比较低。黄油中除了油脂外，还有一些水分和牛奶固形物，加热可以分离出这些固形物。除去大部分固形物后，剩余油脂的性质更稳定，烟点有一定的提高，对于高温烘烤和烹调更加友好。而且澄清黄油的油脂比例更高，可以提高产品的酥松质感。

澄清黄油制作

1）将黄油加热至完全熔化，表面出现浮沫，整体出现分层现象。

2）离火，使用滤纸进行过滤，除去固形物和浮沫。

焦黄油　　　　　　　　　　　　澄清黄油

磅蛋糕

以糖油拌和法制作的基础重油蛋糕，先打发黄油，后期添加其他材料。制作中使用了转化糖，保湿作用增强。

用　量： 使用长23厘米、宽5厘米、高6.5厘米的磅蛋糕模具，可制作3个。

适用范围： 可以单独成型。

配方

干性材料

低筋面粉	260克
泡打粉	2克
细砂糖	230克

湿性材料

黄油	260克
全蛋	226克
蛋黄	14克
转化糖	10克

材料干湿性对比

干性材料：湿性材料= 492：510

制作准备

1. 将低筋面粉、泡打粉混合过筛，备用。
2. 将黄油软化，备用。

制作过程

1. 将黄油、转化糖和1/2细砂糖放入搅拌缸中，用扇形搅拌器高速打发至发白。
2. 将全蛋、蛋黄和剩余1/2细砂糖用手动打蛋器搅匀，隔热水加热至30℃左右。
3. 将步骤2分次加入步骤1中，用扇形搅拌器搅拌均匀。
4. 加入过筛的粉类，继续低速搅拌均匀。
5. 将面糊装入裱花袋中，挤入事先垫好油纸的模具中约五分满，轻震将表面震平整，破除内部部分气泡。
6. 送入烤箱中，以上火190℃、下火150℃烘烤20分钟。再将烤盘调头，调温至上火170℃、下火100℃继续烘烤20分钟。
7. 出炉，将蛋糕从模具中取出，撕掉四周油纸，放置在网架上，室温冷却即可。

组合介绍
单独成型。可以切片或切块
售卖，食用前可以在表面涂抹果
酱、糖浆等风味材料。

121

咖啡磅蛋糕

本款产品制作加入咖啡风味材料，提升了蛋糕的整体口感层次，也可以缓解重油蛋糕的油腻口感。除此之外，杏仁粉的加入，赋予了蛋糕浓郁醇厚的坚果风味。

用　　量： 使用长23厘米、宽5厘米、高6.5厘米的磅蛋糕模具，可制作3个。

适用范围： 可以单独成型。

配方

干性材料

细砂糖	188克
低筋面粉	166克
杏仁粉	48克
泡打粉	4.5克
速溶咖啡粉	20克

湿性材料

全蛋	130克
蛋黄	82克
葡萄糖浆	80克
咖啡利口酒	12克
黄油	130克
牛奶	42克

材料干湿性对比

干性材料：湿性材料= 426.5：476

制作过程

1. 将速溶咖啡粉放入裱花袋中，用擀面杖将其碾压得更碎。
2. 将黄油和牛奶混合放入盛器中，隔水加热至黄油完全化开，使两者完全混合。温度保持在50℃左右，备用。
3. 将低筋面粉和杏仁粉混合过筛两次，备用。

制作过程

1. 将全蛋、蛋黄、细砂糖和葡萄糖浆加入盆中，加热至35℃。
2. 加入咖啡粉，用打蛋器混合搅拌均匀。
3. 加入粉类混合物，继续混合搅拌至呈细滑的流体浓稠状态。
4. 加入咖啡利口酒，搅拌均匀。
5. 加入黄油和牛奶的混合物，用打蛋器快速搅拌均匀。
6. 将面糊倒入滴壶或装入裱花袋中，挤入磅蛋糕模具中（模具中垫有油纸），至六七分满，入烤箱前轻震一下。
7. 以上火180℃、下火160℃烘烤30分钟左右，再转上火170℃、下火100℃，打开风门继续烘烤20分钟。
8. 出炉，立即脱模。去除油纸，可以在表面刷上糖浆增加风味。

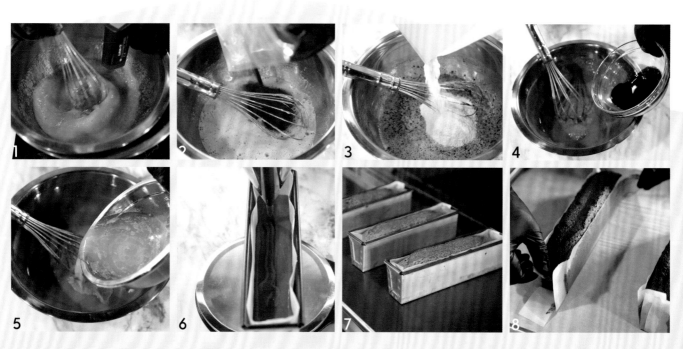

示例产品

咖啡磅蛋糕

组合介绍

趁热在咖啡磅蛋糕表面刷一层咖啡糖浆，完全晾凉后，使用黄油咖啡奶油通过锯齿形裱花嘴在蛋糕表面做出花型，再放上巧克力装饰件（含咖啡豆形状的巧克力件）。

咖啡磅蛋糕内部图

柠檬蛋糕

本款产品用面糊法制作重油蛋糕，操作流程简便，无特殊打发，是以柠檬为主题的风味材料。

用　　量： 使用长22厘米、宽4.5厘米、高5.3厘米的长方形蛋糕模具，可以制作4个。

适用范围： 可单独成型。

配方

干性材料

低筋面粉	223克
泡打粉	7克
细砂糖	274克
盐	1克
柠檬皮屑	6克

湿性材料

全蛋	198克
黄油	78克
淡奶油	118克
朗姆酒	25克

材料干湿性对比

干性材料：湿性材料＝511：419

制作过程

1. 将细砂糖与柠檬皮屑混合均匀，倒入搅拌缸中，加入淡奶油，用扇形搅拌器开始搅拌。
2. 分次加入全蛋混合均匀，再加入朗姆酒，继续拌匀。
3. 加入过筛的盐、低筋面粉和泡打粉，继续混合搅拌均匀。
4. 加入熔化的黄油（黄油40℃左右），继续搅拌均匀成质地均衡的面糊状。
5. 将蛋糕糊挤入模具中，约220克每个（近八分满）。送入烤箱中，以165℃烘烤30分钟。
6. 出炉，可趁热在表面刷上糖浆。

柠檬磅蛋糕

组合介绍

蛋糕出炉后，趁热在蛋糕表面刷一层柠檬糖浆，完全冷却后，在表面淋上一层糖霜淋面（糖粉300克混合72克柠檬利口酒）。淋面凝固后，在表面放一些糖渍柠檬皮丁装饰。

柠檬磅蛋糕内部图

巧克力磅蛋糕

本款产品是以糖油拌和法制作的基础重油蛋糕,以打发黄油为基础,用可可粉替代部分低筋面粉,形成巧克力风味。在此基础上还添加了黑巧克力和可可液块,突出蛋糕浓郁的巧克力风味。巧克力中含有比较多的油脂,加入蛋糕中可增加产品湿润度。同时还使用了海藻糖,对产品的甜度有一定的减弱。

用　　量: 使用长23厘米、宽5厘米、高6.5厘米的磅蛋糕模具,可制作3个。

适用范围: 可以单独成型。

配方

干性材料

细砂糖	180克
海藻糖	40克
低筋面粉	235克
可可粉	33克

湿性材料

黄油	240克
转化糖	10克
牛奶	50克
70%黑巧克力	30克
全蛋	185克
蛋黄	14克
可可液块	30克

材料干湿性对比

干性材料:湿性材料= 488:559

制作过程

1. 将粉类混合过筛,备用。
2. 将全蛋和蛋黄混合放入盆中,隔水加热至30℃左右,保持此温度,待用。
3. 用刀将可可液块切碎,备用。

制作过程

1. 将黄油加入搅拌缸中,搅打至发白状态。
2. 加入细砂糖和海藻糖,混合搅拌均匀。
3. 将牛奶和转化糖加入锅中,加热至沸腾。
4. 将黑巧克力倒入盆中,缓缓加入煮沸的步骤3,用手动打蛋器搅拌均匀,至温度下降至30℃以下。
5. 将步骤4倒入步骤2中,搅拌均匀。
6. 分次加入30℃的蛋液,继续混合搅拌均匀。
7. 分次加入过筛的粉类,混合搅拌均匀。
8. 加入可可液块碎,搅拌均匀成蛋糕糊,装入裱花袋中。
9. 将蛋糕糊挤入磅蛋糕模具中,约七分满即可。
10. 轻震模具,将蛋糕放入烤箱,以上火190℃、下火150℃烘烤25分钟;再转上火170℃、下火100℃,开风门烘烤15分钟。完成后,出炉、趁热脱模,去除蛋糕外的油纸。

巧克力磅蛋糕

组合介绍

单独成型，表面趁热刷糖浆，完全冷却后，在表面筛上糖粉装饰。

巧克力磅蛋糕内部图

黑色蛋糕

本款产品比较有风味特色，使用竹炭粉作为着色材料，也有一定的营养价值，加入磅蛋糕中能给蛋糕带来炭黑的色泽。除此之外，还加入了红豆沙、红豆粒，属于风味材料，红豆沙细腻，红豆粒颗粒感十足，能够提升蛋糕的口感体验。制作属于糖油拌和法。

用　量： 使用长14厘米、宽6厘米、高6厘米的磅蛋糕模具，可制作10个。

适用范围： 可以单独成型。

配方

干性材料

低筋面粉	580克
竹炭粉	28克
泡打粉	12克
细砂糖	320克
红豆沙	340克
红豆粒	235克
栗子	适量

湿性材料

黄油	480克
全蛋	400克
特制糖浆	适量

材料干湿性对比

干性材料：湿性材料＝ 1515∶880

材料说明

● 特制糖浆：300克水与100克糖混合煮至110℃，离火，晾凉，加入100克XO酒混合拌匀即可（可根据需求换成其他口味的风味酒）。

制作准备

1. 将黄油放在室温下软化。
2. 将全蛋液升温至30℃左右。
3. 将竹炭粉、低筋面粉、泡打粉混合过筛。

制作过程

1. 在搅拌缸中加入黄油和细砂糖，用扇形搅拌器搅打均匀。
2. 分次加入30℃的全蛋液，持续搅拌混合均匀。
3. 加入红豆沙搅拌均匀。
4. 取下搅拌缸，加入过筛的粉类，用刮刀翻拌均匀。
5. 加入红豆粒，继续搅拌均匀即可。
6. 将制作好的面糊倒入磅蛋糕模具，约250克每个。再在每个模具的面糊中放入4个栗子，稍稍按压入蛋糕糊中。
7. 入炉，以上下火160℃烘烤35~40分钟，出炉震盘脱模，趁热在蛋糕的每个面刷上特制糖浆即可。

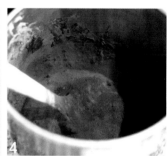

黑色蛋糕

组合介绍

单独成型，表面趁热刷特制糖浆，完全冷却后，在表面摆放一排煮熟的黑豆（或红豆），点缀金箔、银箔补充整体色彩。

黑色蛋糕内部图

开心果蛋糕

本款产品制作属于糖油拌和法，材料中有开心果碎和开心果泥，具有一定的风味特点，口感更加丰富。塑形使用烤盘，后期用于块状慕斯的组装。

用　　量： 使用40厘米×60厘米的烤盘（内部放对应尺寸的框架模具，用以增加高度），可制作1盘。

适用范围： 可以单独成型，也可以做成组合蛋糕的基底，配合酸性水果馅料或坚果馅料。

配方

干性材料

细砂糖	250克
低筋面粉	275克
泡打粉	5克
开心果碎	100克

湿性材料

全蛋	275克
黄油	300克
转化糖	50克
开心果泥	100克

材料干湿性对比

干性材料：湿性材料= 630：725

制作准备

1. 将黄油软化备用。
2. 将低筋面粉、开心果粉和泡打粉混合过筛、备用。

制作过程

1. 将黄油、细砂糖和转化糖放入搅拌缸中，使用扇形搅拌器进行搅拌混合，再加入开心果泥搅打均匀。
2. 分次加入全蛋，继续搅拌混合均匀。
3. 加入过筛的粉类，边倒入边用手动打蛋器或刮刀搅拌均匀。
4. 将制作好的蛋糕糊倒入框架模具中，撒上开心果碎，用刮刀抹平表面。
5. 送入烤箱中，以180℃烘烤15~18分钟。

示例产品　水果三明治

组合介绍

　　以开心果蛋糕为底层基础，叠加百香果甘纳许、覆盆子果酱等。表面使用模具塑形的覆盆子果酱、方形巧克力片装饰。

131

柠檬玛德琳

本款产品的基础制作流程与全蛋海绵蛋糕类似，只是油脂含量较多（大于10%），属于重油蛋糕。但是蓬松度要比一般重油蛋糕高很多。喜欢风味浓郁、蓬松口感的可以尝试一下。

用　量： 不规则形状模具，用量不做参考。

适用范围： 可以单独成型，也可以与其他风味馅料组合，比较清新百搭。

配方

干性材料

细砂糖	225克
低筋面粉	300克
泡打粉	6克
柠檬皮屑	1个

湿性材料

全蛋	300克
黄油	105克

材料干湿性对比

干性材料：湿性材料＝531：405

制作准备

1. 将低筋面粉、泡打粉混合过筛。
2. 将黄油切小块，放入玻璃碗中备用。

制作过程

1. 将全蛋加入搅拌缸中。
2. 将细砂糖加入搅拌缸中，用网状搅拌器搅拌打发至浓稠状态。
3. 将柠檬皮屑加入黄油中，放入微波炉中将黄油熔化成液体，搅拌均匀。
4. 将过筛的粉类分次加入步骤2中，用刮刀翻拌均匀。
5. 取一部分面糊加入黄油中，用手动打蛋器搅拌均匀，再倒回剩余的面糊中，用刮刀翻拌均匀。
6. 将制作好的蛋糕糊装入裱花袋中。
7. 将蛋糕糊注入心形模具中，约1/3满。
8. 送入烤箱中，以170℃烘烤12分钟。

芝士蛋糕

组合介绍

　　本款组合使用了甜品常用的组合
方式——大套小，将柠檬玛德琳和红
果果酱放在小型心形模具中定型；将
奶油奶酪慕斯挤入大型心形模具中；
再将小型模具的产品放入大型模具慕
斯内，以柠檬油酥底坯封底，定型后
倒扣过来。

芝士蛋糕内部图

焦黄油巧克力磅蛋糕（焦黄油面糊）

本款产品制作中使用了打发淡奶油、焦黄油、黑巧克力，口感厚重，风味浓厚，是比较有特点的一款巧克力磅蛋糕，内部比较湿润。

用　　量： 使用长14厘米、宽6厘米、高6厘米的模具，可制作5个。

适用范围： 可以单独成型，也可以与巧克力相关材料、产品进行组合。

配方

干性材料

细砂糖	100克
低筋面粉	200克
泡打粉	5克
可可粉	37.5克

湿性材料

转化糖	100克
全蛋	340克
打发淡奶油	200克
黄油	150克
黑巧克力	80克

材料干湿性对比

干性材料：湿性材料= 342.5：870

制作准备

1. 将黄油切小块。
2. 将低筋面粉、可可粉和泡打粉混合过筛。

制作过程

1. 将黄油块放入奶锅中熬煮制作焦黄油，冲入黑巧克力中，使巧克力熔化，用刮刀搅拌均匀。
2. 在全蛋中加入细砂糖、转化糖，打发至浓稠状态，倒入搅拌盆中。
3. 边倒入过筛的粉类，边用手动打蛋器搅拌混合均匀。
4. 加入步骤1的混合物，搅拌均匀。
5. 分次加入打发淡奶油，混合均匀。
6. 将制作好的蛋糕糊装入裱花袋中，挤入垫有油纸的模具中，送入烤箱，以150℃烘烤30~35分钟。

组合介绍

　　将焦黄油面糊挤入模具中至1/3处，在中心处放一根长方条的甘纳许产品（巧克力甘纳许制作完成后，冻硬、切条，外部裹一层可可粉和低筋面粉的等比例混合物），再用焦黄油面糊填充至模具六七分满。烘烤后，脱模，表面刷糖浆，静置冷却，淋上脆皮淋面（100克纯脂巧克力混合15克色拉油），凝结后，外部摆放巧克力装饰。

浓心内部图

无粉巧克力蛋糕

　　无粉巧克力蛋糕指不添加面粉且含有可可风味的蛋糕底坯种类，特点是无面筋蛋白，含可可粉或巧克力，制作流程是在其他蛋糕制作基础上衍生出来的，是一款以材料特殊性为标签的底坯。

　　其膨胀性主要来自鸡蛋、黄油等材料的打发，风味比较浓郁突出，质地轻盈。

● 干性材料、湿性材料占比

干性、湿性各50%左右，互为调配。

● 底坯特点

巧克力味道的底坯，口感柔软湿润、质地轻盈。因无面筋蛋白质的添加（即无面粉），底坯支撑性、弹性欠缺。

● 塑形工具

烤盘、模具。

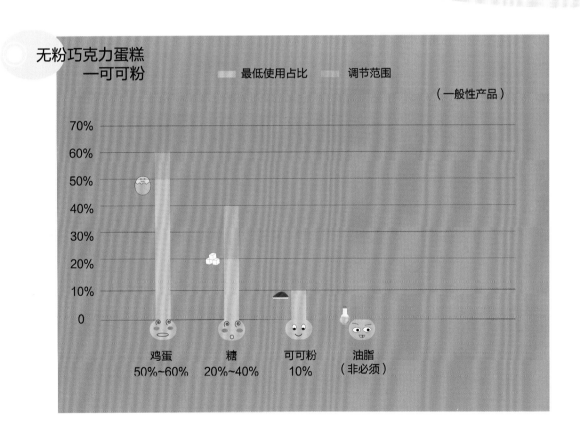

无粉巧克力蛋糕
——可可粉

最低使用占比　　调节范围

（一般性产品）

鸡蛋　　　糖　　　可可粉　　　油脂
50%~60%　20%~40%　10%　　（非必须）

无粉巧克力蛋糕（可可粉款）1

使用可可粉制作的无面筋（面粉）底坯，基本制作方法类似分蛋海绵蛋糕，但是底坯无面筋，所以缺乏弹性和韧性。蓬松性较好，是一款质地比较突出的底坯。

用　　量： 使用30厘米×40厘米的模具，可制作1盘。

适用范围： 建议与可可馅料类产品组合搭配。

配方

干性材料

细砂糖	275克
可可粉	87.5克

湿性材料

蛋黄	200克
蛋白	300克

材料干湿性对比

干性材料：湿性材料= 362.5:500

制作准备

将可可粉过筛备用。

制作过程

1. 用网状搅拌器将蛋白进行打发，期间分次加入细砂糖，打发至泡沫能形成小尖（干性发泡）。
2. 加入蛋黄液，边加入边用刮刀混合均匀。
3. 加入过筛的可可粉，边加入边用刮刀翻拌均匀。
4. 将蛋糕糊装入带有大号圆形花嘴的裱花袋中，沿烤盘的长边依次挤出长条状，挤满烤盘。
5. 送入烤箱中，以上火180℃、下火160℃烘烤15分钟左右。

组合介绍

以其他款底坯为基础支撑，表面叠加巧克力慕斯（填充糖渍黑樱桃以平衡质地），之上放上述底坯，叠加开心果慕斯，成型后，在表面喷上绿色喷面，切块。

无粉巧克力蛋糕（可可粉款）2

本款产品制作添加了色拉油。在蛋糕中加入油脂可以增加蛋糕的湿润度和柔软度。

用　　量： 使用40厘米×60厘米的模具，可制作1盘。

适用范围： 建议与可可馅料类产品组合搭配。

配方

干性材料

幼砂糖	154克
可可粉	66克

湿性材料

蛋白	220克
蛋黄	132克
色拉油	66克

材料干湿性对比

干性材料：湿性材料= 220：418

制作准备

将可可粉过筛备用。

制作过程

1. 在蛋白中分次加入幼砂糖，打发至蛋白泡沫能形成弯钩状（中性状态）。
2. 加入蛋黄，用刮刀翻拌混合均匀。
3. 加入过筛的可可粉，用刮刀翻拌均匀。
4. 加入色拉油，继续搅拌均匀。
5. 将制作好的蛋糕糊倒入铺有油纸的烤盘中，用抹刀抹平。
6. 送入烤箱中，以180℃烘烤15分钟。

示例产品 爱玛

组合介绍

　　以此款底坯为主要支撑层次，叠加开心果外交官奶油（含焦糖开心果）和牛奶巧克力慕斯，成型后，采用喷砂装饰，再使用焦糖开心果做插件装饰。

爱玛内部图

无粉巧克力蛋糕（巧克力款）

本款产品以黑巧克力为风味材料，也是稳定支撑材料之一。材料使用的黑巧克力和黄油量较高，所以产品油脂含量比较高，对无粉底坯的柔软性有补充。

用　　量： 使用40厘米×60厘米的模具，可制作1盘。

饼底适用范围： 建议与可可馅料类产品组合搭配。

配方

干性材料

幼砂糖1	150克
幼砂糖2	25克

湿性材料

巧克力	300克
黄油	100克
全蛋	75克
蛋黄	130克
蛋白	335克

材料干湿性对比

干性材料：湿性材料＝175：940

制作准备

1. 将巧克力隔热水熔化。
2. 将黄油切成小块，室温软化。

制作过程

1. 将软化的黄油和幼砂糖1放入搅拌缸中，用扇形搅拌器搅拌至呈均匀的奶油状。
2. 分次加入全蛋和蛋黄的混合物，搅拌混合均匀。
3. 加入巧克力，搅拌均匀，倒入搅拌盆中。
4. 在蛋白中分次加入幼砂糖2，用网状搅拌器搅打至蛋白泡沫能形成小尖（中性发泡偏干）。
5. 将打发好的蛋白分次加入步骤3中，用刮刀翻拌均匀。
6. 将制作好的蛋糕糊倒入铺有硅胶垫的烤盘中，用曲柄抹刀将其抹平，送入烤箱中，以180℃烘烤10分钟。

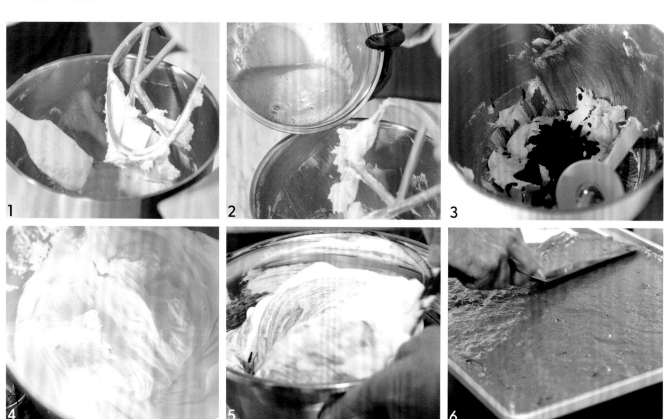

组合介绍

主体产品是黑巧克力慕斯，以巧克力奶油为补充层次，以上述底坯为质地补充和支撑层次。表面以黑色淋面和巧克力件装饰。

巧克力舒芙蕾（巧克力款）

本款产品使用了一定量的玉米淀粉，使蛋糕口感更为轻盈、组织更为细腻。而且玉米淀粉与水结合后，通过加热糊化能给蛋糕增大黏度，也有一定支撑作用。

用　　量： 使用直径约为16厘米的圈模，可制作2个。

适用范围： 建议与可可馅料类产品组合搭配。

配方

干性材料

细砂糖	80克
玉米淀粉	20克

湿性材料

蛋白	200克
牛奶	300克
蛋黄	60克
黑巧克力	320克

材料干湿性对比

干性材料：湿性材料= 100 : 880

制作过程

1. 将牛奶和玉米淀粉加入奶锅中，用手动打蛋器搅打均匀，加热煮沸。

2. 离火，倒入黑巧克力中，用手动打蛋器混合均匀，再用均质机搅打至顺滑状。

3. 用网状搅拌器将蛋白打发，期间分次加入细砂糖，搅打至蛋白泡沫呈现小尖状（中性发泡偏干）。

4. 将打发蛋白分次加入步骤2中，用刮刀翻拌均匀，再加入蛋黄混合均匀即可。

5. 将蛋糕糊装入裱花袋中，挤入模具中，将表面抹平，冷藏半小时左右（冷藏一段时间可以使产品内部组织更加稳定）。

6. 取出，送入烤箱中，以200℃烘烤8~15分钟（烘烤时间决定内部组织状态，短时间烘烤内部未完全凝固，长时间烘烤整体完全凝固）。

示例产品　巧克力舒芙蕾挞

组合介绍

本款示例产品为简单版的盘式甜品。先用甜酥面团制成挞壳样式，经过烘烤定型后，出炉晾凉，在表面涂抹一层巧克力（用于后期与内部材料隔离，使面团保持酥性），凝结后，内部填充雪梨泥、巧克力舒芙蕾，入炉烘烤8分钟左右，内部做成溏心状。盘式装饰使用焦糖梨做出花型。

非蛋糕类底坯

马卡龙

　　马卡龙是一种法式小圆饼，将杏仁粉、糖粉同法式蛋白霜或意式蛋白霜结合，搅拌成面糊。通过挤裱形成各种形状，烘烤后表面光滑，底部侧围拥有美丽的"裙边"。两个马卡龙合在一起，中间可以用各式馅料粘成夹心结构。

　　马卡龙在法式甜品中应用广泛，也可以将其作为装饰使用。

● 材料分析
干性材料占比：75%左右。
湿性材料占比：25%左右。

● 底坯特点
口味偏甜，表皮薄且脆、内部柔软。

● 塑形方式
挤裱成型。

马卡龙面糊的判断标准

1）面糊顺滑具有流动性，表面有光泽度。
2）挤裱出的形状，表面带有些许纹路，稍等片刻后，面糊纹路消失，且整体微微向外扩大。

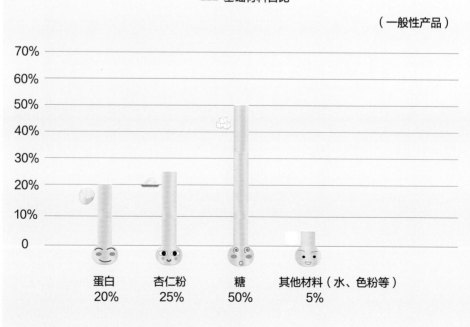

基础材料占比

（一般性产品）

蛋白 20%　　杏仁粉 25%　　糖 50%　　其他材料（水、色粉等）5%

分类

法式马卡龙： 用法式蛋白霜、杏仁粉和糖粉制作而成。

法式蛋白霜是将蛋白加糖直接打发而成，制作蛋白霜的时候需要将蛋白充分搅打至比较稳定的状态，因后期同杏仁粉混合的时候，需要运用压拌的方式碾破部分充入的空气，这样才能制作出质地黏稠、流动缓慢的面糊。

意式马卡龙： 用意式蛋白霜、杏仁粉和糖粉制作而成。

意式蛋白霜是将温度为117~121℃的糖浆冲入打发蛋白中，直至将其搅打至表面呈现细腻有光泽的状态（温度下降至28℃左右）。

意式蛋白霜的颜色为纯白色，具有黏性，光泽度高，稳定性比法式蛋白霜要好，不易消泡。

通常来说，以意式蛋白霜制作的马卡龙吃起来有点嚼劲，比法式马卡龙多点韧性。

马卡龙的相关说明

法式马卡龙的面糊混拌手法及状态

在打发蛋白中加入杏仁粉、糖粉后，必须将三者充分混拌、压拌，在粉类翻拌均匀之后，还需要适度压拌破坏些许蛋白霜中的气泡，使马卡龙面糊顺滑、光亮且具有流动性。

原因： 如果面糊中留存的气泡过多，马卡龙在烘烤过程中会膨胀过度，导致其表面不光滑甚至发生破裂。

马卡龙的震盘

马卡龙在入炉前需要将烤盘在台面上震动几下，因挤出的面糊收尾时会在面糊表面形成小尖角，震盘可以将表面整理平滑。

马卡龙"裙边"产生的原因

因制作马卡龙时糖量较大，面糊经高温烘烤糖化在表面形成薄膜，随着面糊体积的膨胀，水蒸气无法从表面散出，便从底部侧边溢出，经加热定型形成了马卡龙特有的褶皱状"裙边"。

马卡龙的晾皮与结皮

晾皮是指马卡龙面糊挤好后，静置一段时间，使表面结皮，干燥却不干裂。

晾皮非必需步骤，不过有利于"裙边"的生成，是马卡龙制作中比较常见的一个过程，尤其对于新手来说，会减小失败率。

晾皮的主要目的是为了帮助马卡龙表皮形成结皮，即马卡龙表面形成不粘手的一层"皮"，这是因为面糊表层的水分蒸发而产生的。结皮完成后的面糊进入烤箱后，表层会迅速烤硬，内部面糊因无法向上膨胀，而选择向外部扩展，形成马卡龙裙边。

晾皮这个过程并不是每一种马卡龙都一定要进行，但是结皮形成的效果是制作马卡龙都必须要有的，只不过结皮途径不一定是晾皮。如果烤箱带有较好的热风循环系统，面糊初期进入时就能在很短时间内产生结皮效果；再如烘烤时，先低温再高温烘烤也能达到结皮效果。

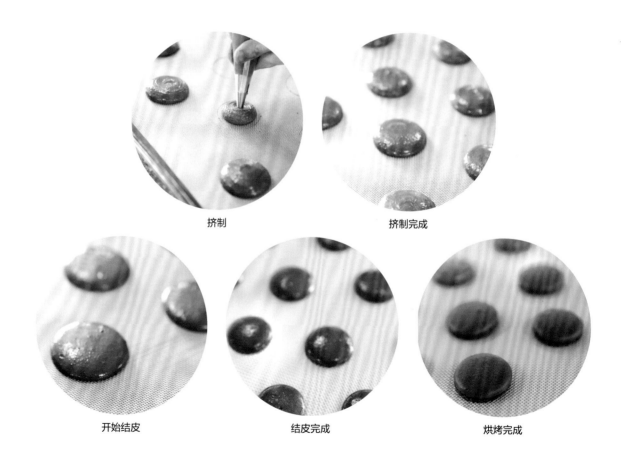

挤制　　　　　　　　　　挤制完成

开始结皮　　　　　　结皮完成　　　　　　烘烤完成

马卡龙失败原因

马卡龙的制作需要技巧，对新手来说，也是一个碰运气的过程，可能经常会很困惑，一样的操作，为什么这次失败了？为什么上次成功了？

通常来说，马卡龙的制作会遇到表皮干裂、没有裙边、内部空心、底部严重不平的情况，也会遇到几种情况同时发生的时候。这个与很多原因有关，甚至也可能与当天的天气有关（湿气会影响马卡龙表皮的结成情况）。下面是几种常见问题的原因。

1. 马卡龙空心

1）蛋白霜打发过头或没有打发到位。

2）面糊搅拌不当，导致面糊整体太稀或太稠。

3）烘烤时间不够。

4）烘烤底部温度不够。

5）结皮时间过长，导致面糊下沉严重。

6）配方干湿材料不均匀或材料选择不佳。

2. 马卡龙表皮开裂或塌陷

1）面糊搅拌不当，导致蛋白泡沫消泡严重。

2）面糊整体偏湿。

3）打发蛋白用糖量较少，导致蛋白泡沫支撑性和黏度不够。

4）面糊表面结皮效果不理想。

3. 马卡龙底部不平整

1）面糊稠稀度不合适。

2）底部温度过低、顶部温度过高。

3）烤箱内部温度不均衡。

4. 马卡龙表面有空洞或不细腻

1）使用的杏仁粉较粗糙。

2）在马卡龙结皮过程中，蛋白泡沫在顶层破裂，形成空洞。

马卡龙（法式）

　　为了使蛋白泡沫更加稳定，可以在打发蛋白时加入适量蛋白粉。马卡龙面糊挤出形状后，在表面撒一些坚果碎粒，可以丰富整体的质地层次。

用　　量： 直径4厘米的马卡龙，约70个。

适用范围： 可以搭配各式奶油馅料，也可做装饰和支撑。

配方

干性材料

杏仁粉	175克
糖粉	225克
细砂糖	80克
盐	1.5克

湿性材料

蛋白	145克

材料干湿性对比

干性材料：湿性材料＝481.5：145

制作过程

1. 将蛋白倒入搅拌缸中，加入细砂糖和盐。
2. 用网状搅拌器将蛋白打发至蛋白泡沫能形成小尖状（干性状态），将其倒入不锈钢盆中。
3. 慢慢加入过筛的粉类，边加入边用刮刀翻拌成均匀的面糊状态。
4. 将面糊倒入带有大圆裱花嘴的裱花袋中。
5. 将面糊挤在硅胶垫上，呈圆形（收口时旋转一下裱花嘴）。
6. 轻震烤盘，使面糊表面更加平整。
7. 放入烤箱中，以35℃烘烤20分钟（烘干表皮）。
8. 取出，放在架子上，室温晾凉，调整烤箱温度至145℃，放入马卡龙继续烘烤12分钟。

小贴士

　　挤面糊收口的时候可以旋转一下裱花嘴，这样可以避免面糊表面出现尖头。

组合介绍

本示例产品是将马卡龙作为装饰使用的，底部
以泡芙为主要框架支撑，内部填充香草轻奶油，表
面放一片马卡龙作为遮挡，同时有装饰作用。

榛子马卡龙（法式）

为了使蛋白泡沫更加稳定，可以在打发蛋白时加入适量蛋白粉。马卡龙面糊挤出形状后，在表面撒一些坚果碎粒，可以丰富产品的质地层次。

用　　量： 直径3厘米的马卡龙，约70个。

适用范围： 可以搭配各式奶油馅料，也可做装饰。

配方

干性材料

杏仁粉	140克
糖粉	150克
幼砂糖	85克
盐	1克
蛋白粉	2克
榛子碎	适量

湿性材料

蛋白	113克

材料干湿性对比

干性材料：湿性材料＝378∶113

制作过程

1. 在蛋白中加入蛋白粉、盐和幼砂糖，用网状搅拌器打发至中性状态（蛋白泡沫能形成弯钩状，弯曲度中等）。

2. 加入过筛的糖粉、杏仁粉，用刮刀翻拌均匀。

3. 将面糊装入带有圆形裱花嘴的裱花袋中，在铺着油纸的有孔烤盘上挤出圆形。

4. 在面糊表面撒入适量榛子碎，入烤箱，以45℃烘烤15分钟（晾皮），取出，将烤箱温度调至150℃，再将马卡龙放入烤箱中，以150℃烘烤12分钟，出炉即可。

组合介绍

选取两个为一对，内部填
充盐之花香草焦糖。

草莓马卡龙（法式）

使用不同可食用色素可以对马卡龙面糊进行基础调色。
马卡龙的形状可以自由变换，其独特的质地也可以作为其他
馅料层次的支撑结构。

用　量：直径6~7厘米的马卡龙，
　　　　制作17~20个。
适用范围：可以搭配各式奶油馅料，
　　　　也可做装饰和支撑。

配方

干性材料

杏仁粉	110克
糖粉	225克
细砂糖	50克
水溶草莓红色粉	少许

湿性材料

蛋白	125克

材料干湿性对比

干性材料：湿性材料= 385：125

制作过程

1. 将杏仁粉和糖粉混合，过筛备用。
2. 将蛋白和细砂糖倒入搅拌缸中，打发至中性状态（蛋白泡沫能形成中等弯钩状，但弯曲度比较大），搅拌过程中加入少许水溶草莓红色粉调色。
3. 将步骤1倒入步骤2中，使用橡皮刮刀快速翻拌均匀。
4. 将面糊装入带有圆形花嘴的裱花袋中，挤在垫有油纸的烤盘中，挤成圆形。
5. 静置30分钟左右，使其表皮干燥不粘手，入烤箱中，以150℃烘烤7分钟，然后烤盘调头，继续烘烤8分钟。

1　　2　　3

4　　5

示例产品　草莓抹茶马卡龙

组合介绍

　　本示例产品将草莓马卡龙作为底部支撑，中部是使用模具制作的抹茶慕斯（喷绿色喷面），顶部是使用圆形模具制作的草莓慕斯（外部裹草莓淋面），装饰使用镂空巧克力片。

可可马卡龙（法式）

为了使蛋白泡沫更加稳定，可以在打发蛋白时加入适量蛋白粉；使用可可粉给产品确定主题风味；马卡龙面糊挤出形状后，在表面撒一些坚果碎粒，可以丰富整体质地层次。

用　　量： 直径3厘米的马卡龙，约75个。

适用范围： 建议可以搭配可可类馅料，也可做装饰。

配方

干性材料

杏仁粉	125克
可可粉	25克
糖粉	160克
蛋白粉	2克
盐	1克
幼砂糖	85克
焦糖可可豆碎	2克

湿性材料

蛋白	113克

材料干湿性对比

干性材料：湿性材料= 400：113

制作准备

将糖粉、杏仁粉和可可粉混合过筛备用。

制作过程

1. 在蛋白中加入蛋白粉、盐和幼砂糖，用网状搅拌器打发至中性状态（蛋白泡沫能形成弯钩状）。
2. 加入过筛的糖粉、可可粉和杏仁粉，用刮刀翻拌均匀。
3. 装入带有圆形裱花嘴的裱花袋中，在铺有油纸的烤盘上等间距挤出圆形，在表面撒适量焦糖可可豆碎。
4. 送入烤箱，以45℃烘烤15分钟烘干表皮（晾皮）。完成后，再以150℃烘烤12分钟。

1

2

3a

3b

4

示例产品 巧克力盐之花马卡龙

组合介绍

　　选取两个为一对，中间填充巧克力甘纳许（巧克力甘纳许材料中含盐之花）。

咖喱马卡龙（意式）

本款产品制作以意式蛋白霜为膨胀基础，挤出形状后，在表面撒适量咖喱粉增加风味。

用　　量： 直径3~4厘米的马卡龙，约120个。

适用范围： 可以搭配各类馅料，也可做装饰。

配方

干性材料

杏仁粉	304克
低筋面粉	10克
咖喱粉	7.5克
糖粉	378克
细砂糖	126克

湿性材料

蛋白	252克
水	适量

材料干湿性对比

干性材料：湿性材料= 825.5 : 252

制作过程

1. 将杏仁粉、糖粉、低筋面粉混合过筛。

2. 将63克细砂糖和水一起加入奶锅中，加热至118℃。在快熬煮好时，在蛋白中分次加入63克幼砂糖稍作打发，冲入煮好的糖浆，继续快速搅拌至形成有光泽的蛋白泡沫，且能形成较大的弯钩状。

3. 加入过筛好的粉类，用刮刀翻拌均匀。

4. 将马卡龙面糊装入带有圆形花嘴的裱花袋中，在铺有硅胶垫的烤盘上挤出小圆饼。

5. 在表面撒一些咖喱粉。

6. 送入烤箱中，以175℃烘烤30秒，再将温度降至135℃，继续烘烤10分钟左右出炉。

小贴士

咖喱粉可以根据喜好增加或去除。

示例产品 咖喱马卡龙

组合介绍
　　两个为一对，以芒果奶油馅料为
内部夹心馅料。

卢森堡马卡龙（意式）

相比一般马卡龙，卢森堡马卡龙更轻更小。
一般夹心馅料都含巧克力成分。

用　　量： 直径2厘米的马卡龙，约
120个。
适用范围： 搭配含巧克力类馅料，也
可做装饰。

配方

干性材料

杏仁粉	350克
糖粉	350克
细砂糖	270克

湿性材料

蛋白1	120克
蛋白2	150克
水	适量

材料干湿性对比

干性材料：湿性材料= 970：270

制作过程

1. 将细砂糖放入奶锅中，加入少许水加热熬煮至118~120℃。
2. 将蛋白1用机器稍作打发，冲入熬煮好的糖浆，快速搅拌至蛋白霜细腻光滑。
3. 将杏仁粉、糖粉过筛，同蛋白2放入搅拌盆中，搅拌成很细腻的面糊状。
4. 将步骤2加入步骤3中，用刮刀翻拌均匀，装入带有圆形裱花嘴的裱花袋中。
5. 在铺有硅胶垫的烤盘上挤出小圆饼，送入烤箱中，以上火170℃、下火120℃烘烤10分钟，后期根据喜欢的口味放置夹心即可。

示例产品　卢森堡马卡龙

组合介绍
　　选取两个为一对，中间填充焦糖
巧克力馅料。

覆盆子马卡龙（意式）

本款产品用覆盆子粉（树莓粉）进行色彩调制，不同品牌效果可能不同，实际使用量只供参考。

用　　量： 直径3~4厘米的马卡龙，约130个。

适用范围： 建议搭配覆盆子相关馅料组合，也可做装饰。

配方

干性材料

杏仁粉	324克
糖粉	324克
细砂糖	324克
覆盆子红色色粉	1克

湿性材料

蛋白1	119克
蛋白2	119克
水	81克

材料干湿性对比

干性材料：湿性材料= 973：319

制作准备

将杏仁粉和糖粉混合过筛备用。

制作过程

1. 在奶锅中加入水和细砂糖，加热熬煮到118℃，在煮糖浆的同时打发蛋白1，将煮好的糖浆冲入打发蛋白中，制作成意式蛋白霜。
2. 在蛋白2中加入过筛的杏仁粉和糖粉，与覆盆子红色色粉充分拌匀，制作成面糊。
3. 将步骤1分次加入步骤2中，用刮刀翻拌均匀，至质地顺滑细腻，装入带有圆形花嘴的裱花袋中。
4. 在高温布上等间距均匀挤出圆饼，送入烤箱中，以160℃烘烤15分钟。
5. 以两个为一对，与合适的馅料组合。

示例产品　覆盆子马卡龙

组合介绍
　　选取两个为一对，中间填充覆盆
子果酱。

绿茶马卡龙（意式）

马卡龙面糊完成后，可以通过挤裱工具挤制出
多种样式，呈现出不同的效果。

用　　量： 不规则形状，数据
不做参考。

适用范围： 可搭配多种奶油馅
料，也可做装饰和
支撑。

配方

干性材料

杏仁粉	250克
糖粉	250克
幼砂糖	300克
绿茶粉	15克
黑芝麻	少许

湿性材料

蛋白1	95克
水	80克
蛋白2	95克

材料干湿性对比

干性材料：湿性材料= 815：270

制作过程

1. 将杏仁粉和糖粉混合过筛。

2. 加入蛋白1，用橡皮刮刀充分拌匀。

3. 将绿茶粉过筛至步骤2中，用刮刀翻拌均匀，整体呈膏状。

4. 将水和幼砂糖加入奶锅中，加热至116℃。

5. 同时将蛋白2打发至湿性发泡，将熬煮好的糖浆慢慢冲入打发蛋白中，转中速打发至整体呈现
   细腻的光亮感。

6. 将步骤5分次加入步骤3中，用橡皮刮刀翻拌均匀，装入裱花袋中。

7. 在硅胶垫下放置一张画好爱心的纸（硅胶垫有透明度），将马卡龙面糊沿着画好的爱心从外圈
   向内圈挤出实心的心形马卡龙。用刻刀在边缘处稍加修整。静置30分钟后，抽去底部的纸。

8. 在静置好的面糊表面撒少许黑芝麻，放入烤箱中，以140℃烘烤22分钟（烘烤途中可以将烤盘
   调转方向，使受热更均匀）。

示例产品　草莓绿茶马卡龙

组合介绍

选取两个为一对。在其中一个底部抹上覆盆子果酱，放上一块小号心形酸奶慕斯，周边围上草莓颗粒，表面与空隙处挤上香缇奶油，上面再盖另一片马卡龙。

泡芙

泡芙是甜品中比较独特的一个类别，拥有独特的弹性和韧性，口感突出，也是比较常用的支撑层次。

泡芙的制作具有独特性，流程中涉及面粉的糊化。通过加热使面粉中的淀粉糊化，在之后的烘烤中，面糊中水分受热变成水蒸气，内部水蒸气将面糊向外推挤，膨胀的过程中也引发了内部空洞。

泡芙面糊制作完成后，可以在阴凉的室温环境下，保存12小时左右；也可以将面糊冷冻保存，只是使用时，需要将面糊回温至正常的软硬度，之后再进行挤裱塑形和烘烤等；也可以在面糊成型后先挤裱，再冷冻，使用时稍稍回温后，即可进行烘烤，这是比较常用的方法。

● **材料分析**

干性材料占比：20%。

湿性材料占比：80%。

● **底坯特点**

面糊含水分较多，经过两次加热制作而成（一次糊化，一次烘烤定型）。多数泡芙的外皮薄且柔软，制作中糖的加入量较少，口味较淡，有时会加入少许盐，用来丰富和延长口感体验。内部有空洞，可以挤入各种口味的馅料。

● **塑形方式**

挤裱成型，常见形状有圆形、长条形、圆环形等。

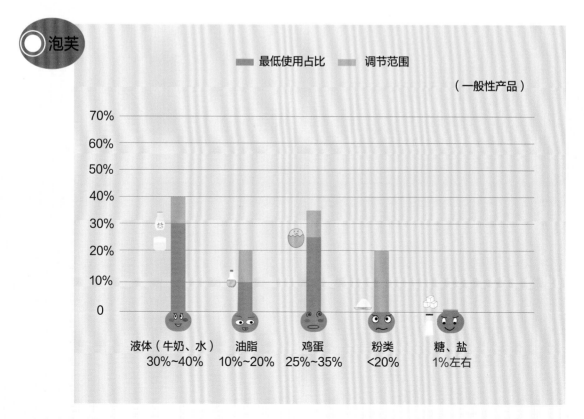

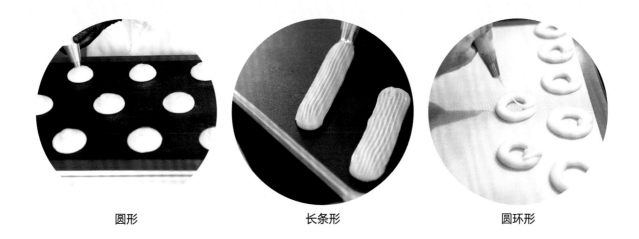

圆形　　　　　　　　长条形　　　　　　　　圆环形

泡芙制作重点解析

1. 面粉的糊化

　　一般情况下，先将液体和油脂材料混合加热至沸腾，加入面粉搅拌，其作用是将面粉中的淀粉糊化。后续的持续加热，也是为了糊化充分（注：混合加热时，建议将黄油切小块，这样可以加速熔化的速度，避免液体加热过久，水分蒸发影响配比）。

　　一般加热翻拌至锅底形成一层面糊薄膜即可。

糊化的理解

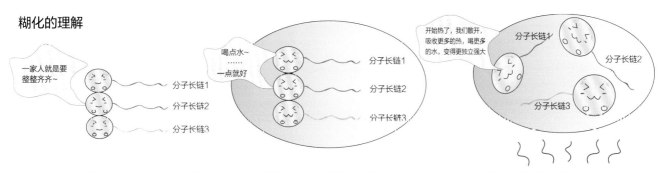

正常情况下，淀粉粒子有序排列。

在常温环境下，淀粉与水混合后，淀粉粒子会慢慢吸水，但是吸水能力有限，只能吸收约本身重量的30%，然后会慢慢下沉。

加热时，水分子能量增大，对淀粉粒子有更大的冲击作用，淀粉结构发生崩解，淀粉长链分子开始大量吸水。一般崩解温度在50~60℃，崩解温度范围称为糊化区间，具体淀粉发生崩解的温度称为糊化温度（温度与淀粉种类有关）。

在完成糊化后，面糊整体的吸水能力变强了。继续加热或大力搅拌，会使糊化的淀粉更细碎化，这称为薄化作用。当浓稠度达到最大值后，持续搅拌或加热，整体会快速变稀。

所以要保证淀粉糊化最大化，就要调整好水量和加热时间，避免面糊过度变稀。

糊化完成后，面糊在慢慢降温过程中，除了淀粉吸收的水分外，其他水分也会与淀粉形成稳定结构，凝结成水囊，至此外部流动的水就比较少。从外观上看，整体显得变浓稠了。

● 为什么液体必须煮沸才能加入粉类呢？

糊化需要达到一定温度，面粉中的淀粉糊化可以打散原有淀粉粒子的排列顺序，再形成新的组织结构。

液体材料较复杂，需加热至沸腾状态，即100℃，之后与面粉混合时，温度会有一个下降的过程，需要持续加热，并不停搅拌，能挥发水分使面团柔软度合适，还能使淀粉完全糊化，且能通过薄化改善整体柔软度。一般情况下，完成的面团温度在80℃左右，最好不要超过82℃。

● 为什么制作泡芙需要面粉的糊化？

淀粉糊化之后，可以吸收更多水分，减小面筋延伸性和弹性，增加产品黏性。糊化的淀粉可以更好地保持产品的柔软度和含水量，面糊经烘烤加热后延展性更佳。

2．混合蛋液

在面糊完成糊化后，后期需要混合蛋液。

蛋液可以调节面糊的软硬度，调节面糊整体的含水量，也可以提高面糊的延展度，使面糊在烘烤中更好地成形，增加成品的酥脆度。

完成糊化的淀粉具有很强的吸水能力，但是不同的面粉特性不一样。所以配方中的鸡蛋用量仅作参考，最终目的是将面糊混合至有适宜的流动性。

混合蛋液时，需要注意几个温度问题。

第一，面团加蛋液的温度。一般情况下，刚糊化完成的面团温度是80℃左右，不适宜直接加入蛋液，避免高温使蛋液中的蛋白质变性。可以稍稍搅打后再分次加入蛋液，一般在60℃左右再加入混合。

第二，面团搅打的结束温度。面糊中含有一定量的黄油，如果搅拌时间过长会使面团下降至较低的温度，影响面团内部的黄油流动性，增大面团的硬度。所以在搅拌过程中，最好保持面团温度在40℃以上。可以通过调整蛋液的温度来调整整体的温度。

3．泡芙的酥皮

泡芙的酥皮就像泡芙的衣服，也像帽子。酥皮提供不一样的酥脆口感，与泡芙的柔软口感有较大的对比性，增加食用乐趣。

酥皮的基础成分有黄油、低筋面粉和糖，可以调色，也可用香料进行风味调整。成品呈面团质地，后期经过擀制形成面皮状，再使用切模切割出合适的形状，放在挤出形状的泡芙面糊上。

在烘烤的过程中，由于泡芙的急剧膨胀，会带动酥皮一起发生形状的变化，酥皮在泡芙的"冲顶"与外部烘烤的共同影响下发生碎裂，形成特殊的碎裂式风格，不但在口感上有个性特点，也带有一种别样的装饰效果。

4．配方调整对泡芙的影响

●使用高筋面粉制作泡芙

因高筋面粉蛋白质含量高，容易产生筋度，面团的延展性不佳，会影响泡芙的膨胀，制作的泡芙空洞较小，成品表皮厚。所以泡芙制作常使用低筋面粉。

●面粉和油脂的配比

当面粉用量多于黄油时，泡芙的表皮较厚。

当面粉用量少于黄油时，泡芙的表皮较薄。

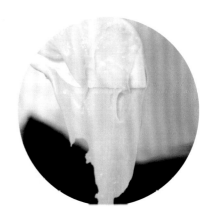

泡芙（冷冻型）

泡芙面糊属于油水混合型面糊，稳定性不佳，制作和储存不当容易引起分离状况，对成品有影响。在面糊完成后，经过一定时间的冷冻或冷藏处理，有助于面糊内部组织的稳定，对后期膨胀也有助力。本次制作也用了泡打粉，整体膨胀度较高。

用　　量： 直径6~7厘米的泡芙，可制作30个。

适用范围： 基础口味泡芙，可与多数馅料组合。

配方

干性材料

低筋面粉	230克
泡打粉	3克
细砂糖	10克
盐	3克

湿性材料

水	290克
牛奶	100克
黄油	170克
全蛋	450克

材料干湿性对比

干性材料：湿性材料= 246：1010

制作准备

将低筋面粉和泡打粉混合过筛，备用。

制作过程

1. 将黄油、细砂糖、盐、水和牛奶倒入奶锅中，用手动打蛋器搅拌均匀，以中大火加热至沸腾。
2. 加入过筛的粉类，调为中火，用手动打蛋器快速搅拌成团，且锅底出现薄膜状。
3. 离火，将面团倒入搅拌缸中，用低速搅拌降温，少量多次加入全蛋液，直至全部加完，用橡皮刮刀翻拌均匀。
4. 制作好的泡芙面糊用刮刀带起，可以呈现倒三角的状态，将面糊装入裱花袋中。
5. 在铺有硅胶垫的烤盘上依次挤出圆形面糊，放入急冻柜中冷冻定型。
6. 取出，将泡芙间隔一定距离放在铺有网格布的烤盘上。
7. 用硅胶刷在泡芙表面刷两遍蛋液，放在室温下解冻10~15分钟。
8. 在其表面喷一层水雾。
9. 放入烤箱，以上火180℃、下火200℃烘烤18分钟。之后上火不变，下火调至130℃，继续烘烤8分钟。再将下火调至100℃，上火不变，继续烘烤5分钟（打开风门）。将烤盘调头，再将上火调至190℃，下火不变，继续烘烤4分钟。出炉，放置室温冷却。

泡芙（冷冻型）

组合介绍

泡芙成型冷却后，在底部戳洞，从洞口往内部挤入外交官奶油即可，是比较大众的泡芙制作方法。

泡芙（冷冻型）内部图

闪电泡芙

本款产品的形状是长条形，且需要一定的纹路，所以对面糊的稀稠度有要求。如果面糊有点稠，可以加入些许牛奶调整。但是如果使用本配方制作圆形泡芙的话，除非特殊情况，配方基本不需要再调整。

用　　量： 可制作25个。

适用范围： 基础口味泡芙，与多数馅料都比较搭。

配方

干性材料

低筋面粉	300克
盐	4克
细砂糖	16克
糖粉	适量（筛表面）

湿性材料

水	380克
牛奶	120克
黄油	200克
全蛋	500克

材料干湿性对比

干性材料：湿性材料＝320∶1200

制作过程

1. 在奶锅中加入水、牛奶、黄油、细砂糖和盐，混合均匀加热至沸腾，离火。
2. 立即倒入过筛好的低筋面粉，快速搅拌均匀成团。
3. 用小火加热，边翻拌边加热至锅底出现薄膜状，关火，将面糊倒入搅拌缸中。
4. 使用扇形搅拌器开始搅拌，分次加入全蛋，充分拌匀再加入余下的蛋液，搅拌时需要根据面糊状态调整鸡蛋的使用量（不一定要用完）。
5. 可以加入适量牛奶（配方外）调节面糊的稀稠度，需要依面粉吸水率和面糊稀稠度酌情处理。
6. 将制作好的泡芙面糊装入带有圆形锯齿花嘴裱花袋中，在不粘烤盘上挤出约14厘米长的条。
7. 在表面撒适量糖粉，送入烤箱中，以200℃烘烤7分钟，打开风门降温至160℃再烘烤30~40分钟。
8. 出炉，晾凉。

示例产品 柚子闪电泡芙

组合介绍

　　将泡芙完全冷却，在底部间隙戳出三个小洞（可以用圆形裱花嘴），从洞口将柚子奶油挤进泡芙内部，使馅料充满整个内部。表面使用黄色镜面装饰，再装饰巧克力片、红醋栗（红加仑）。

柚子闪电泡芙内部图

巴黎布雷斯特

　　巴黎布雷斯特泡芙是一道经典的法式甜点，起源于庆祝巴黎至布雷斯特的自行车赛，是在车轮泡芙中装满榛子果仁和榛子奶油制作而成。

用　　量： 可制作20个。

适用范围： 基础口味泡芙，与多数馅料都比较搭，建议与坚果类馅料组合。

配方

干性材料

低筋面粉	275克
盐	10克
幼砂糖	10克
杏仁片	适量（装饰）

湿性材料

牛奶	250克
水	250克
黄油	225克
全蛋	530克

材料干湿性对比

干性材料 : 湿性材料= 295 : 1255

制作过程

1. 在奶锅中加入牛奶、水、黄油、盐和幼砂糖煮沸，加入低筋面粉，迅速搅拌成团，离火。
2. 重新加热，使用小火加热至锅底出现薄膜状，关火。
3. 将面团取出放入搅拌缸中，搅打降温，待降温至65℃时，分次加入全蛋，至舀起面糊呈缓慢下落状态即可（全蛋不一定要用完，具体看面糊稀稠状态）。
4. 将泡芙面糊装入裱花袋中，在硅胶垫上间隔一定距离挤出圆环状。
5. 在面糊表面均匀撒入一层杏仁片，入烤箱中，以上火210℃、下火210℃，烘烤25~30分钟。
6. 出炉，冷却。一般会用刀将泡芙对半剖开，在内部填充馅料，整体呈上中下结构的夹心状态。

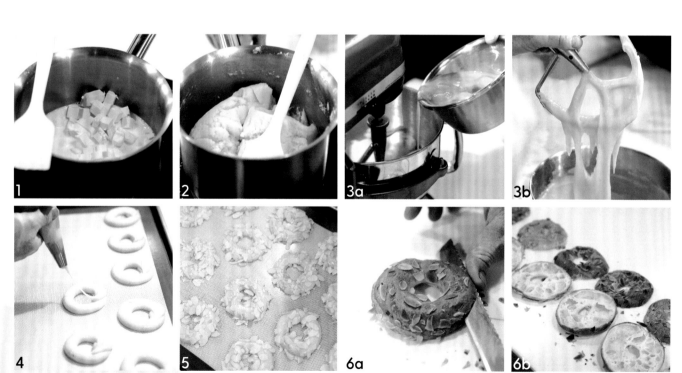

组合介绍

　　将泡芙剖开，在底部泡芙上依次叠加焦糖榛子、榛果酱，将榛果酱奶油通过锯齿花嘴挤裱出纹路形状，再盖上顶部的泡芙。表面筛适量糖粉装饰。

177

泡芙（含泡芙脆面）

泡芙脆面与泡芙的结合是现代泡芙制作十分常见的方法，脆面在经过烘烤之后，不但能丰富整体的口感层次，也是一种比较别致的装饰。

用　　量： 可制作16个闪电泡芙。

适用范围： 基础泡芙，可以与大部分馅料组合。

泡芙脆面 ——————— 配方

黄油	120克
赤砂糖	150克
低筋面粉	150克
香草籽	适量

制作过程 ————————

1. 用网筛将低筋面粉过筛。
2. 将黄油、赤砂糖和香草籽放入搅拌缸中。
3. 用扇形搅拌器进行中速混合。
4. 混合好后加入过筛的低筋面粉继续搅拌（先低速搅拌，再中速搅拌）。
5. 搅拌到无干粉状后，用刮板取出（手感偏软不粘手）。
6. 取两张油纸，将面团放入两张油纸中间。用擀面杖擀成3毫米左右的厚度，将擀好的面皮放入烤盘进冰箱冷藏（4℃）。

泡芙面糊————————配方

干性材料

低筋面粉	160克
细砂糖	4克
盐	4克

湿性材料

水	125克
牛奶	125克
黄油	100克
全蛋	250克

材料干湿性对比

干性材料：湿性材料= 168：600

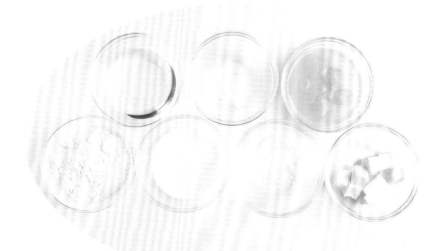

制作准备

将低筋面粉用网筛过筛。

制作过程

1. 将水、牛奶、盐、细砂糖和黄油放入锅中，用小火煮沸。

2. 一次性倒入过筛的低筋面粉。

3. 离火，用手动打蛋器快速搅拌至无干粉。

4. 改小火，重新加热，用刮刀翻拌面团至锅底出现薄膜状，离火。

5. 将面团取出放入搅拌缸中，用扇形搅拌器低速搅拌，慢慢分次加入全蛋，搅拌均匀，至稀稠度适宜即可（可以加入少许配方外牛奶或蛋液调节面糊的稀稠度）。

6. 将制作好的泡芙面糊装入带有圆形裱花嘴的裱花袋中（裱花嘴直径2厘米）。

7. 在高温布上以相同间距挤出若干直径5厘米的圆形面糊。

8. 用直径5.5厘米的圈模将泡芙脆面压出形状，放置在泡芙面糊上方。

9. 送入烤箱中，以160℃烤40分钟。烤好后取出，放置在烤盘架上，室温冷却即可。

组合介绍

　　将泡芙顶部剖开，挤入榛果轻奶
油，放一层榛果酱（冷冻成型），继
续挤榛果轻奶油全满，用带有纹路形
状的榛果酱做表层装饰，在表面放一
些焦糖榛子即可。

榛果泡芙内部图

泡芙（含泡芙酥皮）

本款产品制作使用了高筋面粉，泡芙整体韧性和弹性会增加，无泡打粉加入，膨胀度较低。表面使用了酥皮，酥皮一定程度上可以遮挡泡芙内部水蒸气的散发，对膨胀有一定的积极作用。脆面可以冷冻保存较长时间，可随取随用。

用 量： 直径2厘米的泡芙，可制作35个。

适用范围： 基础口味泡芙，与多数馅料都比较搭。

泡芙酥皮 —————— 配方

细砂糖	185克
黄油	150克
低筋面粉	185克

制作过程

1. 将所有原材料倒进搅拌桶中，用扇形搅拌器以中速搅打成团。
2. 取出，将面团倒在一张油纸上，在表面再盖一张油纸，用擀面杖稍稍压平。
3. 将面团放置到开酥机上，擀至3毫米厚。擀薄之后放进冰箱冻硬，备用。

泡芙面糊 —————— 配方

干性材料

高筋面粉	143克
细砂糖	3克
盐	3克

湿性材料

黄油	110克
水	125克
牛奶	125克
全蛋	250克

材料干湿性对比

干性材料：湿性材料= 149：610

制作过程

1. 在奶锅中加入牛奶、水、黄油、盐和细砂糖，加热煮沸，关火。
2. 加入高筋面粉，快速搅拌成团，继续开小火，持续加热至锅底出现薄膜，关火。
3. 取出面团，放入搅拌缸中，用扇形搅拌器搅打降温，待降温至65℃时，分次加入全蛋，持续搅拌至舀起面糊时，面糊具有一定流动性。
4. 将制作好的泡芙面糊装入裱花袋中，在硅胶垫上依次挤出小圆饼。
5. 将泡芙酥皮用尺寸适合的圈模压出形状，盖在泡芙上。
6. 送入烤箱，以160℃烘烤25~30分钟。

巴黎布雷斯特

组合介绍

在泡芙内部填充榛子酱奶油，将多个泡芙围绕成圆环形，底部用油酥面团支撑，表层使用巧克力装饰件装饰。

巴黎布雷斯特

巧克力泡芙

用可可粉、抹茶粉或咖啡粉等材料代替一部分面粉，可以给泡芙别样的风味。

用　　量： 直径4.5厘米的泡芙，可制作15个。

适用范围： 可可口味泡芙，建议与可可类馅料组合。

配方

干性材料

低筋面粉	130克
可可粉	25克

湿性材料

水	150克
黄油	150克
全蛋	250克

材料干湿性对比

干性材料：湿性材料= 155：550

制作准备

将低筋面粉和可可粉混合过筛，备用。

制作过程

1. 将水和黄油加入奶锅中，煮沸离火。
2. 加入过筛的粉类，快速搅拌成团，再开小火加热搅拌至底部出现一层薄膜即可。
3. 将面团加入搅拌缸中，分次加入全蛋，搅拌至用刮刀舀起时，面糊呈现倒三角状态。
4. 将泡芙面糊装入带有圆形裱花嘴的裱花袋中，在不粘烤盘上挤出圆形，直径约4.5厘米。
5. 在面糊表面喷一层水（可以防止表面烘烤得过干），放入烤箱中，以200℃烘烤30分钟。

示例产品　巧克力泡芙

组合介绍
　　将泡芙从顶部水平切开一个口，挤入巧克力甘纳许，再用锯齿花嘴将香缇奶油挤出花形装饰。

低温定型类底坯

　　低温定型类底坯是指将干性材料（如饼干碎、黄油薄脆片、酥粒类等）同湿性材料（如坚果酱、融化的巧克力、黄油等）混合，再经冷藏或冷冻成型的底坯类型。一般需要使用模具来塑形。

　　这类底坯一般都较酥脆，无弹性，无韧性、无延伸性，遇重力后极易发生散碎。口感相比蛋糕、面团等底坯来说，质地有很大的不同。此类底坯常用于法式甜品的支撑，也可以做饼干，较少作为内部夹心。可以根据自己对产品口味的需求来制作，食材选择空间比较大。

　　低温定型类底坯参与甜品的组合，可以丰富甜品的口感层次，有较强的支撑能力。

材料占比说明

　　底坯制作的最终呈现效果是有固定的形状，且具有较稳定的支撑能力。对于低温定型类底坯来说，其主要成型特点是通过低温定型，每种干性材料的吸湿能力不同，使用的湿性材料的凝固特点也不同，所以没有一定范围内的占比说明，可以根据口味、色彩与质地需求去选择合适的材料。

　　原则上只要冷藏或冷冻成型，且在常温下不易变形即可。

● **常用材料**

干性材料：黄油薄脆片、玉米脆片、榛子碎、饼干碎、幼砂糖等。

湿性材料：黑巧克力、牛奶巧克力、黄油（融化）、榛果酱、扁桃仁酱等。

● **底坯特点**

质地脆硬，味道浓郁且无须烘烤（部分使用材料需要烘焙）。

● **塑形工具**

模具、烤盘。

榛果酱脆

　　本款产品制作依靠巧克力的凝固作用及低温凝固效果来成型。湿性材料使用榛果酱和巧克力混合，口感更有层次。完全凝固后支撑力强，但是无弹性和韧性，外力作用下极易破碎。

用　　量： 无膨胀变化底坯，根据实际使用选择对应的使用量。

适用范围： 口感比较厚重，含巧克力，建议与巧克力、坚果、水果等馅料组合。

配方

干性材料

黄油薄脆片	170克

湿性材料

榛果酱	180克
64%黑巧克力	70克

材料干湿性对比

干性材料：湿性材料= 170∶250

制作准备

将黑巧克力熔化。

制作过程

1. 将黑巧克力、榛果酱和黄油薄脆片轻轻拌匀，用力不要太大，避免将黄油薄脆片弄碎。
2. 倒入模具中，用抹刀抹压至厚度约3毫米，再放到冰箱冷藏备用。

组合介绍

　　在榛果酱脆上叠一层巧克力奶油，加一层达克瓦兹，再加一层巧克力奶油。整体入冰箱冷冻成型，取出，在表面用香缇奶油挤出花形，放一个巧克力装饰件即可。

脆饼

常用于脆饼凝固的风味酱有扁桃仁酱、榛果酱，混合熔化的巧克力可以调整风味比例，本次混合两种巧克力。干性材料可以添加喜欢的榛果、坚果、谷物等，本次添加了玉米片。

用　　量: 无膨胀变化底坯，根据实际使用选择对应的使用量。

适用范围: 建议与巧克力、坚果、水果等馅料组合。

配方

干性材料

黄油薄脆片	50克
无糖玉米片碎	50克

湿性材料

扁桃仁酱	100克
牛奶巧克力	16克
黑巧克力	16克

材料干湿性对比

干性材料:湿性材料=100:132

制作过程

1. 将牛奶巧克力和黑巧克力混合，隔水熔化。
2. 加入扁桃仁酱，用橡皮刮刀搅拌均匀。
3. 加入黄油薄脆片和无糖玉米片碎，搅拌均匀。
4. 将步骤3倒入圈模中，用叉子压平，取下圈模，放入急冻柜冷冻成型。

组合介绍

组装时，先取小号圈模，将巧克力底坯、巧克力奶油叠加组合，冷冻成型；再取大号圈模，填充巧克力慕斯，再加入小号圈模成型的产品，最后以脆饼为封底。整体冷冻成型，定型后倒扣出模，在表面淋上巧克力淋面，再用巧克力装饰件进行表面装饰即可。

巧克力十足内部图

焦糖脆饼

在脆饼制作过程中，只要干湿性材料的比例合适，成品的支撑性能力达到需求，就可以在制作中添加自己喜欢的个性材料。本次添加了自制的黄油焦糖，风味独特。

用　　量： 无膨胀变化底坯，根据实际使用选择对应的使用量。

适用范围： 建议与巧克力、坚果、水果等馅料组合。

黄油焦糖	配方
白色翻糖膏	75克
葡萄糖浆	15克
香草荚	半根
黄油	15克

制作准备

香草荚取籽；黄油切丁。

制作过程

1. 将白色翻糖膏和葡萄糖浆放入锅中，加热至沸腾。
2. 加入香草籽，用橡皮刮刀搅拌均匀；再加入黄油，加热至焦糖化。
3. 将煮好的步骤2倒在油纸上，在表面再盖一张油纸，用擀面杖擀平。
4. 冷却后，用刀切碎，备用。

   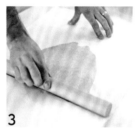 

焦糖脆饼	配方
干性材料	
黄油薄脆片	15克
玉米脆皮	30克
黄油焦糖碎	30克
湿性材料	
牛奶巧克力	30克
扁桃仁酱	75克

制作准备

1. 将牛奶巧克力熔化。
2. 将扁桃仁酱加热至顺滑状态。

制作过程

1. 将牛奶巧克力和扁桃仁酱混合拌匀。
2. 加入黄油薄脆片、玉米脆皮和黄油焦糖碎，混合拌匀。
3. 倒入铺有油纸的烤盘中，用曲柄抹刀抹平，放入急冻柜冷冻。
4. 取出脆饼底，用圈模压出所需的圆形备用。

材料干湿性对比

干性材料：湿性材料= 75：105

示例产品　波普

组合介绍

以焦糖爆米花奶油、焦糖爆米花慕斯为主要层次，以柠檬热那亚和杏子果冻为主要补充和平衡层次（将杏子果冻抹在柠檬热那亚上，使用圈模切割出若干圆形样式），以焦糖脆饼为底层支撑层次。冷冻成型后，外面喷上喷面、淋上淋面，表面装饰焦糖爆米花和巧克力片。

波普内部图

饼干脆脆

　　将烘烤完成的饼干碾碎，混合熔化的黄油，趁热塑形，经过降温处理后可以得到有支撑能力的底坯。这是比较简便的脆脆底坯制作方法，可以添加干性风味材料，可混合熔化的巧克力。

用　　量： 无膨胀变化底坯，根据实际使用选择对应的使用量。

适用范围： 可以与多种风格馅料组合。

配方

干性材料

饼干碎	695克
幼砂糖	85克

湿性材料

黄油	120克

材料干湿性对比

干性材料：湿性材料= 780：120

材料说明

饼干碎可以直接购买市售早餐饼干。

制作准备

将黄油熔化备用。

制作过程

1．将烤好的饼干碎和幼砂糖搅拌混合均匀。

2．加入熔化的黄油拌匀。

3．将步骤2依据需求的量倒入圈模的底部，用勺子压平，冷藏备用。

私房芝士蛋糕

组合介绍

　　将饼干脆脆压入圈模底部，填入奶油奶酪糊，整体入烤箱中，以低温水浴法烘烤至熟，出炉后晾凉，在底部粘上剩余的饼干脆脆碎粒，顶部装饰橄榄形香缇奶油（用勺子塑形）。

私房芝士蛋糕内部图

脆面碎

本款底坯先制作饼干，再搅碎，与湿性材料混合。使用赤砂糖和红糖，有较为独特的风格。

用 量： 无膨胀变化底坯，根据实际使用选择对应的使用量。

适用范围： 可以与多种风格馅料组合。

配方

干性材料

赤砂糖	170克
杏仁粉	170克
盐	2克
低筋面粉	140克
黄油薄脆片	50克
粗红糖	10克

湿性材料

黄油	170克
黑巧克力	150克

材料干湿性对比

干性材料∶湿性材料= 542∶320

制作准备

1. 将黄油软化。
2. 将巧克力熔化。

制作过程

1. 将软化的黄油和赤砂糖放入搅拌缸中，用扇形搅拌器搅拌混合均匀。
2. 加入过筛的低筋面粉、盐和杏仁粉，搅拌至沙砾状。
3. 将步骤2倒入烤盘，均匀铺开，送入烤箱中，以160℃烘烤13分钟。
4. 取出，倒入搅拌缸中，搅拌碾碎。
5. 加入黑巧克力，搅拌均匀。
6. 加入黄油薄脆片、粗红糖，搅拌均匀。
7. 将步骤6倒在油纸上，用擀面杖擀薄，放入急冻柜冷冻。取出，根据需求切割使用。

和谐巧克力

组合介绍

以巧克力慕斯为主体慕斯层次，内部填充巧克力热那亚作为支撑，以伯爵红茶甘纳许、覆盆子果冻为质地和口感上的补充和平衡，底部使用脆面碎做支撑，外部使用红色镜面装饰。顶部使用硅胶模具制作的慕斯层次装饰。

和谐巧克力内部图

面团类底坯

面团类底坯基础

　　面团类底坯是甜品的重要支系之一，也是使用较为广泛的支撑层次之一。面团类底坯历史较为悠久，甜品中常见的各种挞派、拿破仑千层酥、国王派等甜品都是利用面团类底坯作为支撑基底的。

　　蛋糕类底坯以鸡蛋为主体制作而成，面团类底坯以面粉为主体制作而成。

　　对比蛋糕类底坯，面团类底坯有着截然不同的口感。蛋糕类底坯膨松，具有轻盈感，面团类底坯的口感多为酥、松、脆。面团类底坯主要用面粉、黄油、糖和鸡蛋制作，不同组合塑造了不同性状的甜品，可以用于不同场景。

　　在开始面团类底坯的制作之前，可以先了解一下基础材料，以及基础材料的哪些特性展现了不同的口感特征。

面团类底坯分类介绍

粉类：面粉
油脂：黄油
液体材料：水或鸡蛋
其他：糖、盐

　　在面团类底坯制作中面粉占比最大，其次为黄油，利用黄油、水、鸡蛋等液体材料，将粉、油、糖以不同的方式混合，便可以制作出不同性状和口感的面团，可以用于挞皮、千层酥皮的制作。

　　不同国家和地区对于面团的称呼或多或少有一定的区别，面团主要有三大类：单层面团、多层面团、发酵面团，与之对应的产品是挞皮类面团、千层面团和巴巴面团。

1. 挞皮类面团（单层面团）
　　此类面团用于制作各种挞底，或者单独制作成饼干底坯，用于承托甜品，也可以单独食用。
　　挞皮类面团因材料及用量、制作方式的不同可以分为三类：脆皮面团、甜酥面团和油酥面团。

2. 千层面团（多层面团）
　　千层面团指产品成型后能形成较为清晰分层的面团。在甜品领域中，多见于千层面团和反式千层面团两类产品制作，制作基础是面层与油层重复折叠进行叠加，形成多个层次，经过烘烤后，形成分层。

3. 巴巴面团（发酵面团）
　　甜品中的发酵面团不多，比较有代表性的产品是巴巴面团，含有酵母，口感不同于挞皮面团和千层面团的松、酥、脆，口感介于面包和蛋糕之间。

基础材料作用与用量介绍

面粉

　　用于制作面团类底坯的粉类有各类面粉，这些粉类是面团类底坯制作的主体材料，除了基础支撑性外，还有一定的改善质地作用，能给组合甜品带来特殊风味。

　　在形成面团的过程中，面粉中的淀粉可以吸收水分（包括其他材料含有的水分），伴随烘烤和升温，淀粉发生糊化作用，以具有黏性的状态开始膨胀，水分转化成水蒸气蒸发；面粉中的蛋白质遇热会形成具有黏性及弹性的面筋，伴随烘烤和升温，面筋凝固形成支撑性的骨架。

- 低筋面粉：适合制作挞皮类面团，塑造酥脆口感。
- 高筋面粉：可以搭配一定配比的低筋面粉制作千层酥面皮。
- 其他风味粉：除了基础用粉以外，杏仁粉、可可粉、咖啡粉等粉类也可调节面团风味方向。

　　其中杏仁粉较常用到，比如甜酥面团就是加入一定比例的杏仁粉制作而成的。加入杏仁粉可以提升产品的营养价值和风味，且能形成松酥的口感。

　　注： 我国对杏仁粉和扁桃仁粉的分类没有特别明确的界限。由坚果杏仁或扁桃仁研磨而成的粉类属于坚果粉，风味浓郁，富含油脂。

关于手粉

　　制作时需要用到手粉，因面团类底坯塑形时一般在桌面操作，适当使用手粉可以防粘。手粉多选用高筋面粉（高筋面粉比低筋面粉颗粒粗，质地更为松散，更容易清除）。

　　注意事项： 用量适宜，不要过多，因手粉为配方外用粉，过多加入可能会导致面团状态改变，影响烘烤后的质地。

面粉的占比、变量对于产品的影响

　　面粉在面团类底坯中的占比在40%~45%，占比较大。

40%

占比40%左右

代表产品：甜酥面团

　　甜酥面团粉类占比最低，因为在制作甜酥面团的时候，绝大多数需要搭配杏仁粉，杏仁粉的添加量一般在10%左右，与面粉的总占比在50%以内。

45%

占比45%左右

代表产品：千层面团、脆皮面团、油酥面团、巴巴面团

　　除甜酥面团外，其他面团类底坯的面粉添加量均在45%左右。

　　减少面粉的用量，会造成面团的支撑性不足。反之如果面粉添加量过多，会造成底坯松散，或质地过硬。

黄油

黄油在面团类底坯中的作用

1. 塑造底坯的酥脆口感
将黄油块同面粉混合搅拌时，黄油会张开呈薄膜状，均匀分布在面粉颗粒中，阻碍面筋的形成。正是黄油的这一特性赋予了面团饼底松脆、酥脆的口感。

2. 使面皮延展顺利
黄油具有可塑性。可塑性指对特定温度下的黄油施加力道，黄油的形状会改变，成为"黏土"状。黄油的可塑性在温度13~18℃最佳。千层面团的制作正是利用黄油的可塑性，将片状黄油包裹入面团中，经由反复折叠，黄油可以随面团一起延展。

3. 增加产品风味
黄油独有的奶香风味是面团类底坯主要的风味来源。

4. 提供热量和营养价值
黄油属于乳制品，营养价值高，用其制作的产品营养丰富，同时可以为人体提供所需热量和脂溶性维生素。

面团类底坯中使用的黄油类型

- 块状黄油：混合其他材料制作面团时使用。
- 片状黄油：千层面团的包裹用油。片状黄油的乳脂含量一般在85%以上，其熔点比块状黄油更高，加工性能好，使用便利。

小贴士

乳脂含量越高的片状油脂制作出的起酥产品层次越好，口感也更为酥脆，但同时制作难度也会增加。

- 在无片状黄油的情况下，如果使用块状黄油，需要注意操作温度和速度，规避漏油的风险。
- 黄油的不同状态适用范围不同。黄油状态的调整需要针对产品的需求而定。

【冷黄油丁】：制作沙化法面团。

【软化黄油】：制作油化法面团。

黄油的占比、变量对于产品的影响

黄油在挞皮类面团中的添加量为25%~35%，在千层面团中最高占比多达40%，在巴巴面团中用量较少。

15%
10%
占比10%~15%

代表产品：巴巴面团

　　在巴巴面团的制作中，将黄油以软化或熔化的方式加入面团中。减少黄油用量的话，产品的口感、湿润度会被削弱，同时会缩短产品的保质期限。

25%
占比25%左右

代表产品：甜酥面团

　　减少黄油用量意味着黄油的起酥能力即"酥脆性"被弱化，会导致甜酥底坯的酥脆性降低。

30%
占比30%左右

代表产品：脆皮面团、油酥面团

　　糖油含量高是油酥面团的特性，减少黄油用量会削弱黄油抑制面筋生成的作用，从而弱化此类面团酥脆感，减弱入口易化的口感。

40%
占比40%左右

代表产品：千层面团、快速千层面团、反式千层面团

　　千层面团的含油量最大，制作千层面团时需要在面皮中包裹入片状黄油。

　　千层面团中的黄油占比量最大的是反式千层面团，它的制作工艺是把黄油做成的黄油面皮包入面团，再折叠擀压而成。减少黄油或片状黄油的使用量，会使千层面团口感的酥脆性弱化，同时也会影响千层面团层次的呈现。

黄油添加量对面团类底坯口感的影响对比

- 黄油添加量对比（一般性对比）：

巴巴面团 ＜ 甜酥面团＜ 脆皮面团 ＜ 油酥面团 ＜ 千层面团

- 口感酥脆性对比（一般性对比）：

巴巴面团 ＜ 甜酥面团＜ 脆皮面团 ＜ 油酥面团 ＜ 千层面团

鸡蛋

鸡蛋在面团类底坯制作中，并不是必需产品，甜酥面团、油酥面团和巴巴面团等制作中有时会用到。

鸡蛋在面团类底坯中的作用

1）乳化作用：鸡蛋是天然的乳化剂，蛋黄中的卵磷脂有助于面团类底坯中水性液体和油脂类材料的融合。

2）调节面团软硬度：鸡蛋中水分含量很大，其中全蛋含水量约为76.1%，蛋白含水量约为88.4%，蛋黄的含水量约为48.2%。

3）增加产品风味、营养价值：加入鸡蛋可以增加产品的风味，尤其是蛋黄，除提升营养价值以外，也可以赋予产品更为浓郁的口味，因蛋黄中除了水分和蛋白质之外，还含有脂肪、矿物质和维生素等，蛋黄重量占鸡蛋重量的40%左右。

4）增加酥松口感、烘烤色更佳：加入鸡蛋越多，底坯口感越脆，在油酥饼干类面团的制作中还会单独加入蛋黄，可以增加酥松感，烘烤出的颜色也更为金黄。

鸡蛋的占比、变量对于产品的影响

鸡蛋在以酥脆、松脆口感为主的挞皮类面团中占比不大，但在巴巴面团中占比较大。

10%
占比10%左右

代表产品：甜酥面团、油酥面团

在甜酥和油酥面团制作中，常会用到鸡蛋，主要起黏合和乳化作用。

如果减少鸡蛋用量，尤其是蛋黄用量，则不利于产品中水油结合，不易成团；而且在一定程度上也会加大面团成团的难度，使本就比较松散的面团更不易成型。

45%
30%
占比30%~45%左右

代表产品：巴巴面团

巴巴面团体积的膨胀除依赖酵母的发酵力以外，鸡蛋也起到一定膨胀作用。在液体部分的添加中，如果有牛奶或水添加的配方，鸡蛋的加入量在30%，在无牛奶和水等液体添加的时候，鸡蛋的用量会加大，总液体添加量占比在40%~45%。

减少鸡蛋的用量会影响面团整体的软硬度，也会影响面团松软的质地。

糖

糖是甜品制作中常见的材料之一，最主要的作用就是调整产品的风味和口味。在蛋糕制作中，糖也是稳定泡沫的材料之一。对于面团制作来说，糖的功能性发挥得有限，有些产品制作也可以不使用。

糖在面团类底坯中的作用

1）赋予面团甜味：加入糖最直接的作用是赋予产品香甜的味道。

2）赋予产品色泽、香气：糖同面粉、鸡蛋等材料经由高温加热，面粉和鸡蛋所含的氨基酸和蛋白质同糖会产生焦化作用，从而形成产品独有的颜色，与此同时产生特有的香气。

3）抑制面筋：糖的反水化作用可以在一定程度上抑制面筋的形成，赋予挞皮类面团酥松的口感。

4）延长产品保质期：糖的保水性可以防止淀粉老化，从而延长产品的保质期限，对于巴巴面团而言，糖的保水性可以使烘烤后的巴巴蛋糕不易变硬。

5）提供酵母所需的营养（巴巴面团）：制作巴巴面团时，糖是酵母生长繁殖的主要营养来源。

糖的占比、变量对于产品的影响

在面团类底坯中，糖的用量普遍比较少，甚至有些制作中也可以不用。

面团类底坯的含水量普遍偏少，不建议使用粗砂糖制作，因其不容易融合，会使烘烤后的成品表面产生砂糖的结晶，形成斑点感，影响产品整体质感。

在制作千层面团时一般不加入糖。首先，千层面团需要一定的筋力，而糖的反水化作用会削弱面团的面筋生成；其次，糖的吸水性会使千层面团减弱酥脆度。如果添加，建议将添加量控制在5%以内为宜。

5%
占比小于5%

代表产品：巴巴面团

在巴巴面团中加入糖主要是为了帮助酵母生长使用，用量较少。如果减少糖量的话，不利于酵母的发酵，同时会影响产品的颜色。

15%
占比15%左右

代表产品：甜酥面团

甜酥面团的酥性适中。减少糖量会使甜酥面团失去易碎的松脆口感；过多增加糖量也不适合，因糖会被油脂包覆，难溶于添加量本就不多的液体材料当中，经加热后较易产生焦糖化，使面团变硬。

20%
占比20%左右

代表产品：油酥面团

油酥面团的糖加入量较多，其酥松感更强，更易碎。制作此类面团时砂糖和糖粉均可使用，多数情况用砂糖。减少砂糖量会削弱底坯的酥松质感，因糖的反水化作用被削弱，面皮容易生成面筋；而且减少糖量也会使面团的颜色受影响。

盐

盐在面团类底坯中的作用

1）改善产品风味：在挞皮类面团和千层面团中加入盐可以调节产品风味，丰富口感层次。

2）强化面筋结构：盐可以强化面筋，使其弹性适中，利于面团的延展。

盐的占比、变量对于产品的影响

在面团类底坯制作中，盐的加入量一般较少，在总配方的1%上下浮动。虽然用量较少，但是作用还是比较大的，不宜随便减少盐的用量。如果在千层面团的制作中减少盐，会削弱面筋的弹性，在面皮折叠、擀压的过程中容易造成面皮回缩或断裂的情况；在糖加入较多的油酥面团中减少盐量会影响底坯的口感层次与风味。

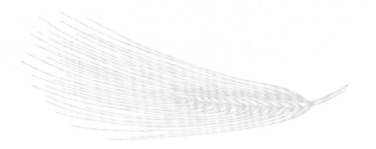

水

水用来混合各种材料，因为鸡蛋和油脂中存在一定量的水分，所以水是否直接加入还需要看产品制作的具体情况而定。一般制作脆皮面团和千层面团时需要加入水，水的加入量在15%左右。

水在面团类底坯中的作用

水是构成面团的基本材料，面粉中的蛋白质遇到水会形成面筋，是面团形成的基础材料，同时水也是调节面团软硬度的基础材料。

粉类变化时，水的加入量也需要调整。以混合高筋面粉和低筋面粉制作的千层面团为例，当高筋面粉用量增加时，水量需要适当增加，因为高筋面粉中的蛋白质含量较高，形成面筋的能力增强，需要更多水分，如果水量保持不变，面团会变得过硬而无法延展。

挞皮类面团

脆皮面团、甜酥面团和油酥面团统称为挞皮类面团或底坯脆皮面团，除用于制作挞底之外，甜酥面团或油酥面团也可以用来制作饼干。三者在制作方式上，都可以采用沙化法或油化法。

制作面团时可以全程使用厨师机、料理机，也可以采用手工的方式完成。

脆皮面团

脆皮面团是甜酥面团和油酥面团的制作基础，用材简单。

特点：

1）甜度低，一般不加糖，可以加入盐。
2）使用的液体多数是水，少数还会使用蛋液混合物。

适用：

苹果挞、咸味挞派、馅饼等产品的支撑层次。

甜酥面团

甜酥面团在脆皮面团基础上加入糖（糖粉、砂糖）制作，多数情况下添加糖粉制作。制作甜酥面团的时候多数情况下会加入杏仁粉，赋予甜酥面团坚果风味的同时也可以增添酥脆感。

特点：

1）味道香甜。
2）口感松脆、轻盈。

适用：

巧克力挞，或者搭配酸性水果制作成各式各样的水果挞，如柠檬、百香果。

油酥面团

油酥面团也称为法式挞皮面团、萨布雷面团。

此类面团的用料基于甜酥面团，但脂肪含量较高，含有更多的黄油和蛋黄。制作中会加入适量膨发剂或泡打粉。

特点：

1）成品更易碎，呈细砂质感。
2）烘烤完成的面团酥脆程度高于脆皮面团和甜酥面团。

适用：

油酥面团黄油的奶香味和鸡蛋风味浓郁，使用比较广泛，可以作为挞底使用，也可以单独烘烤成法式甜饼干或其他小点心，如具有代表性的布列塔尼酥饼、佛罗伦萨饼干。

布列塔尼属于萨布雷的一种，其成型方式一般是铺放在模具中烘烤成型，作为甜品的基底使用，可以搭配水果制作成水果挞。

挞皮类面团的基础制作方法

挞皮类面团制作方式有两种，即沙化法和油化法。

沙化法：先以冷黄油、面粉混合成沙砾状，之后再加入液体材料（水、蛋）混合成团。

油化法：先以软化的黄油、糖混合成膏状，加入蛋液，再加入面粉混合成团。

使用沙化法制作的面团，烘烤后的挞皮更酥脆；使用油化法制作的面团口感相对松脆、易碎。

选择哪种方法制作挞皮类面团，取决于希望得到何种质地的面团，以及面团组合何种质地的馅料。

通常情况下，沙化法常用于制作脆皮面团和油酥面团，而油化法多用于制作甜酥面团。无论使用哪种方式制作挞皮类面团，控制面筋的生成都是重中之重。

沙化法

基本操作方法

将黄油切成小块，放入搅拌缸中，放入面粉，用扇形搅拌器搅拌至沙砾状（也可以用手掌将面粉和黄油混合物迅速揉搓成沙砾状，过程中需要注意黄油的温度）。因为混合物形似沙粒，这个过程称为"铺沙"。颗粒越粗糙，烘烤出的挞皮口感越松散酥脆（这个和油面用量比有关系）。

完成后，加入液体材料，用刮板压拌的方式使水分被面粉吸收，形成均匀的面团（或持续使用厨师机扇形搅拌器混合完成）。

沙化法的优点

先将面粉与黄油混合，黄油具有高度可塑性，通过外力作用可以包裹住面粉，后期再加入水时，油脂会发挥一定的阻隔作用，使面粉和水分之间无法紧密结合，减少水分渗入面粉内部，减少面筋的形成。

面团间的连接性会变弱，面筋的形成被控制在最小量，烘烤的成品能形成酥脆的口感。

面筋是怎么形成的？

面筋是面粉中的蛋白质和水接触形成的具有黏性和弹性的网状结构，一旦面团形成过多面筋，烘烤时面筋经高温加热会变硬，挞皮的酥脆口感会削弱。而且有较强筋度的面团在烘烤后容易收缩。

面筋生成趣味图

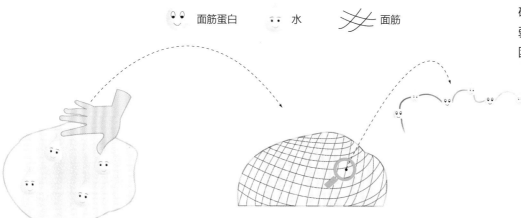

面粉与水经过搓揉形成面团状

面筋网络结构是一个微观的、较抽象的概念，是分子之间相互聚合、连接形成的立体结构，是支撑面团延伸性和弹性的基础

沙化法是怎么减少面筋形成的？

沙化法对面筋的抑制作用

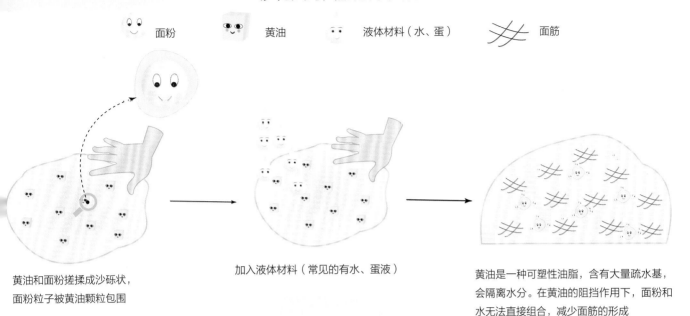

面粉　　黄油　　液体材料（水、蛋）　　面筋

黄油和面粉搓揉成沙砾状，
面粉粒子被黄油颗粒包围

加入液体材料（常见的有水、蛋液）

黄油是一种可塑性油脂，含有大量疏水基，
会隔离水分。在黄油的阻挡作用下，面粉和
水无法直接组合，减少面筋的形成

油化法

基本操作方法

需要使用软化的黄油（16~20℃），先将黄
油和糖混合均匀成奶油状、膏状。再分次加入全
蛋或蛋黄乳化均匀，最后加入面粉搅拌成团。

小贴士

使用油化法制作面团时，需要注意不
要拌入过多的空气，如果过多混入空气，
烘烤完成的挞壳会有气泡，容易吸收水分，
会降低产品的保质期和口感。

挞皮面团制作流程的注意事项

挞皮面团从制作、整形到烘烤，流程中有些细节需要注意。

1. 混合阶段

将各种材料通过搅拌的方式混合成团，需要注意各种材料和环境温度。尤其是沙化法制作的面团。

采取沙化法制作面团时，建议在制作之前将所有材料，包括黄油放入冰箱冷藏降温。采用油化法制作
面团时，黄油需要软化后再使用。

在材料混合阶段，无论是采用机器搅拌还是手工搅拌，都需要将筋度的生成控制在最小范围，尽可
能短时间完成搅拌、避免升温。采用手工混合时，避免过多揉搓面团，可以借助刮板或刮刀按压，辅助成
型。需要保证操作台面的温度较低，可以用冰袋事先将台面降温，保持冰凉的状态最佳。

在混合液体材料时，最好分次加入，避免油水分离和乳化不充分。

2. 面团冷藏松弛阶段

在挞皮面团的制作中，冷藏松弛是必要步骤。冷藏松弛一般有两个目的：一是将变软的面团恢复一定硬度，避免黄油过度软化，便于后续操作；二是冷藏松弛可以减轻面团黏性和弹性，避免后期烘烤回缩。

冷藏松弛的时间以1小时为宜，或者隔夜冷藏松弛。一般冷藏松弛发生在以下2个节点上。

- 节点1：面团制作完成后，需要使用保鲜膜将面团密封，并适度压平，放入冰箱中冷藏或冷冻松弛（密封的目的是防止面皮风干）。
- 节点2：在挞皮整形完成后，需要冷藏松弛，避免烘烤时产生回缩现象。

3. 整形与塑形

挞皮类面团在擀压后形成面皮状，通过切模可以把面皮切割出形状，可直接烘烤成型，能作为饼干或慕斯的底部支撑。

如下图所示，通过按压成型，再烘烤成型。

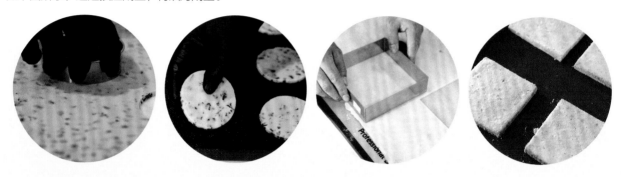

按压形成的面皮，可以入挞圈，再进行塑形，形成不同风格的挞、派。

一般流程——

- 取出擀薄、冷藏松弛后的挞皮，用适宜尺寸的压模压出面皮（面皮需稍大于挞模具"直径+高"之和）。
- 将面皮放入模具中心处，将面皮压到底部，用手指将面皮与挞模具边缘捏贴合，注意用力均匀，保证厚度一致。
- 捏合完成，用刀将顶部边缘多余的面皮去除，也可先将其冷藏至具有一定硬度，再去除边缘多余的面皮。

注：

- 模具壁有凹槽的，在捏合面皮的时候需用手指将面皮和凹槽充分捏合，烘烤脱模后，成品边缘才会形成美观的纹路。
- 模具壁有弧度的，在将模具顶部多余的面皮去除后，可以将面皮适度向上推出一些，形成一个完美的弧度，烘烤完成的成品更为美观，这样即便挞皮稍有回缩，也可以使边缘保持一定高度。
- 将挞皮入模时，需要防止空气进入挞皮和模具之间，塑形时要用手指充分捏合挞皮和模具，避免烘烤时产生回缩或孔洞。
- 多余面皮处理：如果有剩余面团的话，用保鲜膜密封，冷冻或冷藏保存，可以再次使用，也可以制作饼干类产品。

底坯扎孔

挞皮在切分完成之后，一般会进行打孔操作，其主要目的是使面皮和模具之间的热气可以流动，利于水蒸气排出。同时扎孔可以适度破坏面筋，在烘烤时可以平衡膨胀力度，从而避免底部鼓起。

一般扎孔可以使用滚轮针、叉子等。

技术要点：

① 底坯扎孔时要保证打孔均匀，且需要扎到面皮底部。

② 使用滚轮针给大型面皮打孔的时候，可以从面皮的中心处开始，将滚轮针再向上下左右呈对称式滚动，这样操作可以避免面皮变形。因为一般面皮较薄，从一端开始用力可能会将面皮拉扯变形。

4. 烘烤

挞皮类面团的烘烤，有两种常见的方式：一是单独烘烤；二是与馅料共同烘烤。

单独烘烤又称盲烤、空烤，是将未放入馅料的挞皮预先放入烤箱中进行烘烤的做法。

盲烤适用范围如下：

① 馅料无须烘烤。将挞壳盲烤，再组合已完成的馅料即可。

② 馅料易熟，烘烤时间少于挞皮。为避免馅料过度成熟，也可以采取盲烤的方式，烘烤至一定成熟度，再与馅料结合，共同烘烤至完全成熟的状态。

③ 馅料水分较多，为了防止馅料的水分渗入，影响面皮酥脆的口感，可以盲烤。

对于盲烤来说，需要采取一定的措施来避免挞皮出现鼓胀、不平整。常用的方法是添加重石。

重石是一种功能性辅助材料，用于在烘烤制作中压住挞皮或派皮的表面，防止不平。原则上重石需要有一定的重量，除了压制功能外，不影响产品的任何口感和风味。可以使用保鲜膜、油纸等垫在饼底上，填充红豆、黑豆、面粉、细砂糖等作为重石。在饼底定型后，要除去重石，继续烘烤至整体成熟即可。

小贴士

为获取更为光滑的挞壳，烘烤完成冷却后，可以借助刨皮器将其边缘进行适度打磨，也可以将其放置在网筛底部进行打磨。打磨需要注意力度，不要用力过大避免挞壳被破坏，因挞壳酥脆，稍微修整即可。

5. 储存

①未烘烤面皮。将面团用胶片纸、保鲜膜密封，放入冰箱中，冷藏可以保存3天，冷冻可以保存1个月以上。

②烘烤后的挞壳、饼干。装入密封容器中，可以放于阴凉干燥处或冷冻保存。需要再次使用或食用前，可放入烤箱再度烘烤，恢复其酥脆的口感。不建议冷藏保存此类产品，因放入冷藏室有吸收水分的可能，影响产品口感。

③填入馅料的挞派。建议短时间内食用完毕，最好当日食用完毕，因面皮会吸收馅料的水分，放置过久会使其酥脆的口感大打折扣。

脆皮面团

　　脆皮面团是一种基础酥面团，可以作为基底搭配产品，其主要特点是酥脆易碎、入口即化。

　　在制作中糖可加可不加，通常情况会加入盐，所以面团甜度较低。液体部分多加入水，也可以鸡蛋和水一起加入。

　　脆皮面团的韧性较佳，适用于添加多汁的水果类馅料，如苹果挞、草莓挞等甜味挞类，也适于制作咸味挞派。

● **材料分析**

干性材料占比：50%左右。

湿性材料占比：50%左右。

● **成型方式**

常用模具塑形。

● **制作方式**

沙化法和油化法都可以。

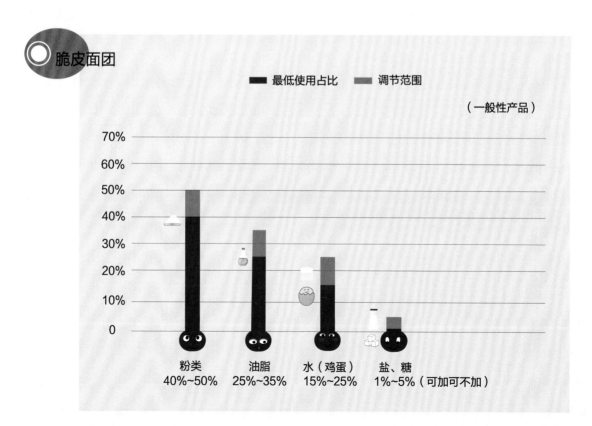

脆皮面团

■ 最低使用占比　　■ 调节范围

（一般性产品）

粉类
40%~50%　　油脂
25%~35%　　水（鸡蛋）
15%~25%　　盐、糖
1%~5%（可加可不加）

挞皮与馅料

面团类底坯质地紧密，一般可以与馅料类产品同烤，是比较可靠的支撑层次。本款底坯使用沙化法制作，组合杏仁奶油（扁桃仁奶油）共同烘烤，这个搭配也是挞派类产品的常用组合。

用　量： 边长14厘米的方形框模，可制作4个左右。

适用范围： 可以直接食用，也可以作为支撑层次与其他馅料组合。

底部面团────────配方

干性材料

中筋面粉	300克
糖粉	15克
海盐	9克

湿性材料

黄油	180克
全蛋	18克
水	99克

材料干湿性对比

干性材料∶湿性材料＝324∶297

制作准备

1. 将黄油切小块。
2. 将所有粉类过筛。

制作过程

1. 将中筋面粉、黄油、糖粉和海盐放入搅拌桶内，用扇形搅拌器慢速搅拌至呈粉末状。
2. 将全蛋和水混合均匀，分次加入步骤1中，继续慢速搅拌均匀。
3. 取出面团，放在油纸上，再在表面盖上油纸，用擀面杖将面团擀成1厘米厚的长方形。
4. 放入冰箱，冷藏松弛一夜。
5. 将面团从冰箱中取出，放置于40厘米×60厘米的不粘垫上，用擀面杖将其擀至5~6毫米厚，再移到烤盘上，放入冰箱，冷冻15分钟。
6. 从冰箱中取出冷冻的面团，用方形框模压出形状，备用。

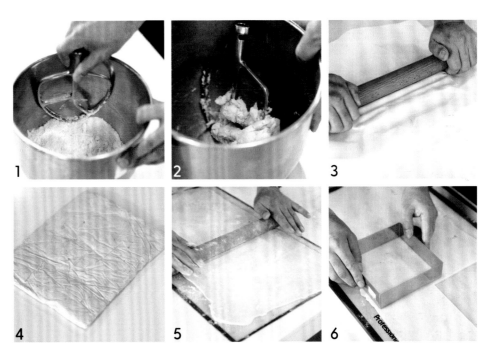

卡仕达酱	配方
牛奶	500克
无盐黄油	63克
香草荚	0.5个
蛋黄	100克
幼砂糖	125克
吉士粉	45克

制作过程

1. 将牛奶、无盐黄油、香草荚放入锅中煮沸。

2. 将蛋黄与幼砂糖混合均匀，加入过筛的吉士粉，用打蛋器搅拌均匀。

3. 将步骤1冲入步骤2中，搅拌均匀后倒回锅中，继续加热，边加热边搅拌，收稠即可。

4. 在小烤盘内铺上一层保鲜膜，倒入卡仕达酱，再盖上保鲜膜密封，放入冰箱，冷藏保存。

杏仁奶油	配方
无盐黄油	180克
幼砂糖	144克
全蛋	144克
杏仁粉	180克
低筋面粉	22克
卡仕达酱	350克

制作准备

无盐黄油为室温黄油，温度在18℃左右。

制作过程

1. 将无盐黄油放入搅拌桶内，用扇形搅拌器慢速搅拌至呈乳白色。

2. 加入幼砂糖，搅拌至无颗粒状。

3. 分次加入全蛋，搅拌均匀。

4. 加入过筛的杏仁粉和低筋面粉，搅拌至无干粉的面糊状。

5. 取出642克放置碗中，静置10分钟。

6. 加入350克卡仕达酱，混合均匀，装入带有圆形裱花嘴的裱花袋中。

7. 挤入底部面团上，并用勺子将表面抹平。

8. 入烤箱，以上火160℃、下火150℃，打开排气孔，烘烤30分钟左右。出炉，冷却。

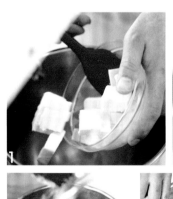   

黑加仑草莓挞

组合介绍

    混合卡仕达酱、开心果酱和香缇奶油做成复合馅料，挤在底坯表面中心处，再在边缘处摆放新鲜草莓（刷有镜面果胶），整体边缘处沾上一层杏仁饼碎，筛上一层糖粉，表面再挤一层黑加仑奶油，用火枪轻轻灼烧装饰。

黑加仑草莓挞内部图

派皮

　　派皮可以依靠多种模具来塑造形状，常见的是凹形结构，中心处可以填充多种馅料、水果和蔬菜等，是常见的组合形式。

用　　量： 直径17厘米的派盘，可制作3个。

适用范围： 可以作为支撑层次与其他馅料组合。

配方

干性材料

低筋面粉	375克
盐	1.5克

湿性材料

无盐黄油	180克
蛋黄	30克
水	90克

材料干湿性对比

干性材料：湿性材料= 376.5∶300

制作过程

1. 将低筋面粉与黄油放进打蛋桶内，使用扇形搅拌器搅拌均匀。再加入蛋黄、水、盐，搅拌均匀即可。

2. 取出，用手将面团揉成团，分割出合适的重量（根据自己的模具定量），用保鲜膜将面团包裹起来，放入冰箱中冷藏（3℃）2小时。

3. 取出面团，放在室温下回温，用擀面杖将其擀至2.5毫米厚，放入模具中，用手按压面皮，使面皮与模具贴合得更紧密，再将整体外观修饰平整。

4. 用扎孔器在派皮表面戳出针孔。入烤箱，以上火190℃、下火190℃烘烤约25分钟。出炉，冷却，再与其他层次搭配烘烤（如蛋奶糊、扁桃仁／杏仁奶油等）。

 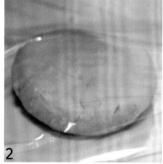 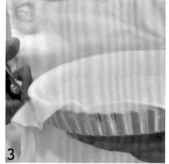 

延伸——蛋奶糊

配方

全蛋	3个
牛奶	210克
淡奶油	210克
肉豆蔻	1.25克
白胡椒	1.25克
盐	2.5克

制作过程

1. 将全部材料放在盆中，使用打蛋器搅拌均匀。

2. 过滤，贴面覆上保鲜膜保存，备用。

组合介绍

先将派皮入模，入烤箱，以上火200℃、下火关闭烘烤25分钟，出炉，静置冷却，在内部铺上帕马森奶酪和各式蔬菜，倒入蛋奶糊，再铺一层帕马森奶酪。入烤箱，以上火210℃、下火200℃烘烤28分钟。出炉，去除圈模，冷却即可（本次示例烘烤温度较低，产品颜色偏浅，可以根据喜好调整温度和时间）。

法式咸派内部图

甜酥面团

甜酥面团是在脆皮面团基础上加入糖制品制作而成，多数情况下添加的是糖粉，因糖粉颗粒极细，可以更快速、更均匀地和黄油融合，同时加入糖粉制作的面团更为细腻，烘烤后表面更为光滑。

甜酥面团的特点是味道香甜，口感松脆、轻盈。在多数情况下，会加入杏仁粉，赋予产品更加丰富的口感。甜酥面团适宜作为各种传统挞派的基底，如常见的水果挞、巧克力挞，或者搭配酸性水果制作成各式各样的水果挞。甜酥面团也可以用来制作萨布雷。

● **材料分析**

干性材料占比：60%~70%。

湿性材料占比：30%~40%。

● **制作方式**

沙化法和油化法都可以使用。

● **成型方式**

模具捏合成型：将大小合适的面皮放在各式模具内进行捏合，完成塑形后进行烘烤（一般带模具烘烤）。

压模按压成型：使用各式压模压出各种形状，常用于饼干等产品制作。

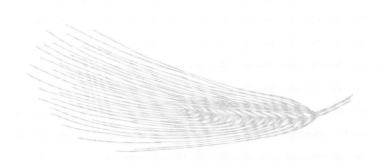

相关说明

　　1）甜酥面团多采用油化法制作，充分利用黄油的可塑性，黄油需要提前软化，温度在18℃左右为宜。

　　2）在制作过程中，需要控制好温度，确保黄油不要升温，一旦黄油熔化，烘烤后的底坯会偏硬。

　　3）甜酥面团的松脆程度主要与两方面有关：一是面团在制作过程中是否有面筋形成；二是材料的使用量占比。当黄油、糖的添加量较多时，烘烤后口感偏脆；用蛋量较多的面团，口感也偏脆。

　　4）可以使用可可粉、咖啡粉等风味材料替换一定量的低筋面粉来制作具有特定风味的底坯。

甜酥面团（油化法）

本款产品是用油化法制作的一种甜酥面团，具有较强的塑形能力，可与烘烤型馅料组合烘烤。

用　　量： 边长6厘米的正方形挞圈，可制作10个。

适用范围： 可以作为支撑层次与其他馅料组合。

配方

干性材料

低筋面粉	300克
盐	2克
糖粉	120克
杏仁粉	35克

湿性材料

黄油	160克
全蛋	75克

材料干湿性对比

干性材料：湿性材料＝ 457：235

制作准备

将黄油切小块、软化备用。

制作过程

1. 将软化过的黄油和糖粉、盐放入搅拌缸中，用扇形搅拌器中速搅打混合。
2. 加入全蛋搅打均匀。
3. 加入杏仁粉、低筋面粉，先低速再中速搅打均匀。
4. 搅打成面团后取出，放在保鲜膜上。
5. 将面团整理成团，压平，用保鲜膜密封，放入冰箱冷藏30分钟左右。
6. 取出，用擀面杖擀压面团至厚度为2~3毫米。
7. 比照模具切割挞皮，将挞皮放在模具中。
8. 用手按压，使挞皮紧贴模具，用小刀切除多余的挞皮。
9. 填入适量馅料（杏仁奶油/扁桃仁奶油），放入烤箱中，以170℃烘烤14分钟。
10. 取出，放在室温中冷却，脱模，可以使用刨子磨平挞壳的边缘，使其更为光滑美观。

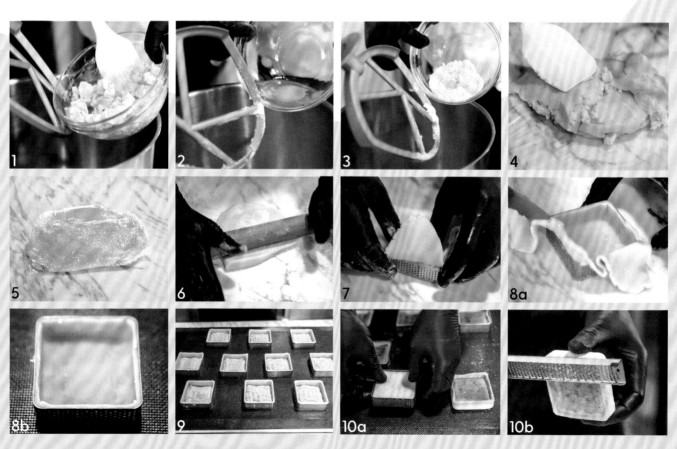

火龙果挞

组合介绍

　　在上述产品制作冷却完成后，在内部填充荔枝奶油或椰子奶油至满，冷冻或冷藏至完全凝固，在表面摆上喜欢的水果块即可。

火龙果挞内部图

甜酥面团（沙化法）1

此款产品采用沙化法制作，将切丁的黄油同面粉搅打至沙砾状，再加入蛋液、糖等混合。

用　　量： 使用直径8厘米挞圈，可制作15个。

适用范围： 可以作为支撑层次与其他馅料组合。

配方

干性材料

低筋面粉	300克
盐之花	2克
糖粉	120克
杏仁粉	35克

湿性材料

黄油	160克
全蛋	75克

材料干湿性对比

干性材料：湿性材料= 457：235

制作准备

将黄油软化成膏状。

制作过程

1. 将黄油、盐之花和低筋面粉加入搅拌缸中，用扇形搅拌器中速搅打至沙砾状。
2. 加入糖粉和杏仁粉，继续搅打均匀。
3. 加入全蛋，继续搅打均匀成团。
4. 取出面团放在保鲜膜上，贴面封保鲜膜，放入冰箱中冷藏1小时左右。
5. 取出，用擀面杖擀成2~3毫米厚。
6. 用直径10.5厘米的圈模切割出圆形面皮。
7. 将面皮放入直径8厘米的挞圈中，用手按压，使面皮与挞圈贴合。
8. 整理挞皮形状，完成后连模具一起放入垫有硅胶垫的烤盘上，放入冰箱中冷藏松弛备用。之后单独入炉烘烤或组合搭配烘烤。

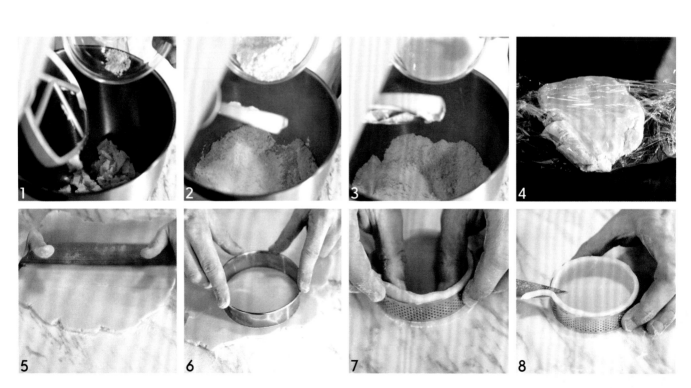

组合介绍

　　将扁桃仁奶油挤入松弛好的挞壳中，在表面均匀摆入梨子片，入炉以170℃烘烤15分钟。出炉冷却。用火枪烤一下梨子表面，使其微焦，表面再刷上中性淋面提亮即可。

布鲁耶尔挞内部图

甜酥面团（沙化法）2

此款产品采用沙化法制作。制作中加入了少量转化糖，面团质地更加细致，黏性增强，对底坯的保湿性也有一定的增强作用。

用　　量： 使用直径16厘米挞圈，可制作2个。

适用范围： 可以作为支撑层次与其他馅料组合。

配方

干性材料

糖粉	50克
杏仁粉	38克
低筋面粉	225克
盐	2克

湿性材料

黄油	125克
全蛋	50克
转化糖	13克

材料干湿性对比

干性材料：湿性材料= 315：188

制作准备

将杏仁粉、低筋面粉、糖粉过筛备用。

制作过程

1. 将过筛的所有粉类和黄油一起放入搅拌缸中，用扇形搅拌器搅拌至沙砂状。
2. 加入转化糖、盐和全蛋的混合物，搅拌均匀成团状。
3. 取出面团，放在操作台上，用手稍揉搓，拍平，包上保鲜膜，放入冰箱冷藏30分钟。
4. 取出，切割出所用的量（根据所用模具形状与大小而定），将面团两面撒上适量手粉，用擀面杖擀成厚度3毫米的面皮。
5. 将面皮放入挞圈中，用手将面皮和挞圈按压贴合，将边缘多余的面皮去除，放入铺着油纸的烤盘中。
6. 送入烤箱中，以145℃烘烤20分钟左右；取出脱模，在表面筛上一层糖粉。

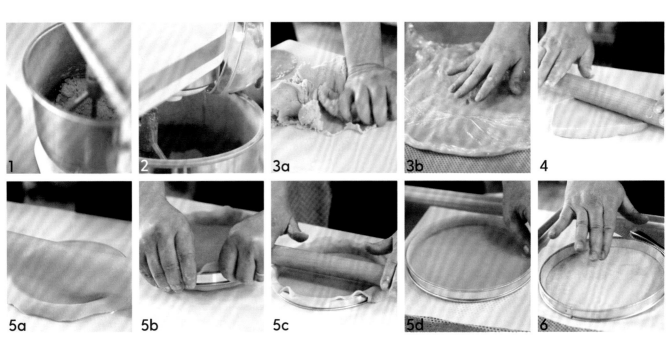

1　2　3a　3b　4

5a　5b　5c　5d　6

柠檬挞

组合介绍

　　在烤好的面团内挤上适量柠檬奶油，放上一块切好的扁桃仁海绵蛋糕片，再挤上适量柠檬奶油。表面放一块冷冻成型的螺旋形柠檬奶油，并使用适量蛋白霜装饰。

柠檬挞内部图

油酥面团

　　油酥面团烘烤后口感酥散，多采用沙化法制作，成品更易碎，呈细沙质感，烘烤完成的面团质地酥脆程度高于脆皮面团和甜酥面团。常见的有法式挞皮面团、萨布雷面团等。

　　相比甜酥面团，油酥面团的脂肪含量较高，含有更多的黄油和蛋黄。使用的糖制品多为糖粉和砂糖，会加入适量膨发剂（常用泡打粉）。

　　油酥面团比较脆弱，奶香味和鸡蛋风味浓郁，使用比较广泛，可以作为挞底使用，也可以单独烘烤成法式甜饼干或其他小点心，如代表性的布列塔尼酥饼、佛罗伦萨饼干。

相关说明

　　1）采用沙化法制作面团时，黄油必须是冷的，具有一定硬度，不需要软化。

　　2）制作过程中要控制升温，加快制作速度，推荐使用厨师机、料理机制作。

● **材料分析**

干性材料占比：60%左右。

湿性材料占比：40%左右。

● **制作方式**

沙化法和油化法都可以使用，多采用沙化法制作。

● **成型方式**

模具捏合成型：将大小合适的面皮放在各式模具内进行捏合，完成塑形后进行烘烤（一般带模具烘烤）。

压模按压成型：使用各式压模压出各种形状，常用于饼干等产品制作。

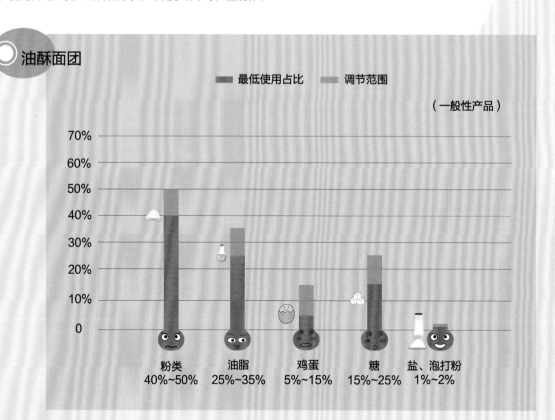

半熟巧克力迷你挞

本款产品是用沙化法制作的一种油酥面团，油脂占比在25%以上；以可可粉代替一定量的低筋面粉。具有较强的塑形能力，可与烘烤型馅料组合烘烤（本款介绍半熟巧克力馅料）。

用　量： 直径8.5厘米圆形挞模，可制作10个。

适用范围： 可以作为支撑层次与其他巧克力类馅料组合。

巧克力油酥面团————配方

干性材料

糖粉	80克
杏仁粉	25克
低筋面粉	200克
可可粉	10克
香草粉	适量
盐之花	1克

湿性材料

黄油	130克
全蛋	50克

材料干湿性对比

干性材料：湿性材料= 316：180

制作过程

1. 将黄油切成小块，放入搅拌缸中。加入低筋面粉、盐之花和香草粉，用扇形搅拌器慢慢搅拌至沙化状。
2. 加入糖粉、可可粉和杏仁粉，继续搅拌混合。
3. 加入全蛋，慢速搅拌成面团状。
4. 取出面团，用保鲜膜密封，放入冰箱冷藏1小时左右。
5. 取出面团，用擀面杖擀成2~3毫米厚的面皮。
6. 用直径11厘米的圆形切模切割出圆形面皮。
7. 将切好的面皮放置在直径8.5厘米的圆形挞模上，用手轻轻按压，使面皮紧紧贴合模具，放入冰箱冷藏松弛。
8. 取出，整理挞皮（可以辅助使用小刀等工具），备用。

小贴士

可以直接盲烤（单独烘烤），需配一定的重石，避免烘烤后表面不平。

半熟巧克力 ——— 配方

全蛋	340克
细砂糖	230克
黑巧克力	400克
黄油	220克
低筋面粉	95克
香草精	适量

制作过程

1. 将黄油和巧克力混合放在玻璃碗中。
2. 放入微波炉加热熔化，并用手动打蛋器搅拌均匀。
3. 将全蛋、香草精和细砂糖倒入搅拌缸中。
4. 用网状搅拌器高速打发至混合均匀。
5. 分两次加入步骤2混合物，并高速打发混合。
6. 加入低筋面粉，搅拌混匀即可。
7. 将面糊装入裱花袋中，绕圈挤注在巧克力油酥饼底挞皮中（此时圈模依旧包裹在挞皮外层，防止烘烤时挞皮变形）。
8. 放入烤箱中，以195℃烘烤9分钟。
9. 取出，脱模，放置室温下冷却降温，备用。

半熟巧克力挞

组合介绍

烘烤时间不长，内部巧克力未完全凝固，是半熟巧克力挞的基本特点。烘烤完成后，在表面边缘部分筛上糖粉，中心部分放一个圆形巧克力装饰件。

半熟巧克力挞内部图

罗勒油酥

使用基础材料制作的面团类底坯比较百搭，包容性较强，可以与多种风格的馅料组合。如果在面团制作过程中加入风味材料，可以调整底坯使用方向，使其与特定产品进行定向组合，如本款产品制作中添加了罗勒叶，风味强烈突出。也可以添加咖啡粉、其他香料产品等。

用　量： 直径21.5厘米圆形挞模，可制作2个。

适用范围： 风味比较突出，建议与风味相近或包容性比较强的产品组合。

配方

干性材料

糖粉	80克
杏仁粉	80克
低筋面粉	175克
盐之花	0.5克
罗勒叶	20克

湿性材料

黄油	175克
全蛋	26克

材料干湿性对比

干性材料∶湿性材料= 355.5∶201

制作准备

1. 将罗勒叶用厨房纸巾吸干水分，用刀切碎。
2. 将黄油软化。

制作过程

1. 将罗勒叶碎放入搅拌缸中。
2. 加入黄油、盐之花，用扇形搅拌器搅打均匀。
3. 加入全蛋和糖粉，搅打均匀。
4. 加入过筛的杏仁粉和低筋面粉，以中速搅拌均匀成面团状。
5. 取出面团，放在油纸中，用擀面杖擀平，厚度约4毫米。
6. 放在烤盘中，入冰箱中冷冻约半小时。
7. 取出，用直径21.5厘米的圆形圈模切出圆形饼皮，放在垫有硅胶垫的烤盘上，入冰箱冷冻松弛半小时。
8. 取出，放入烤箱中，以170℃烘烤10分钟。取出，放置室温下冷却，备用。

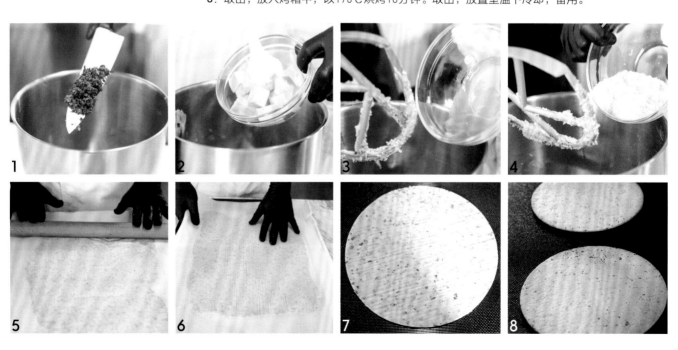

柠檬罗勒挞

组合介绍

本组合以罗勒油酥为基础支撑，主要层次是柠檬罗勒奶油，重油蛋糕（或海绵蛋糕）为质地过渡，表面是黄色淋面，用巧克力装饰件和罗勒叶装饰。

柠檬罗勒挞内部图

巴巴面团

相传巴巴面团是从法国宫廷传出，属于传统的法式甜点，它是甜品品类中比较特殊的一类产品，制作中加入了酵母，并有发酵的过程，产品的口感介于面包和蛋糕之间，支撑性较强，弹性很强，是一种质地比较突出的甜品类型。

巴巴面团内部组织松软，常与糖浆搭配，浸泡之后口感湿润、饱满，极强的吸湿性和强大的弹性、支撑性保证巴巴面团在浸泡之后依然保持原形，对产品塑形设计没有压力。依靠本身制作材料和糖浆，可以创造许多风味特点，口味可塑性非常强，口感丰富。

巴巴面团适用范围较广，既可以直接食用，也可作为基底面团，或者将其切片作为甜品的夹心层皆可。

巴巴面团的保存

浸泡糖浆的产品：密封冷藏4天。

未浸泡糖浆产品：密封冷藏可以保存一周；冷冻则可以保存2个月左右。

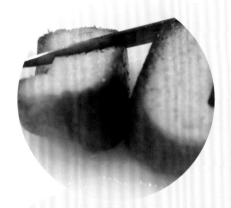

巴巴面团浸泡后

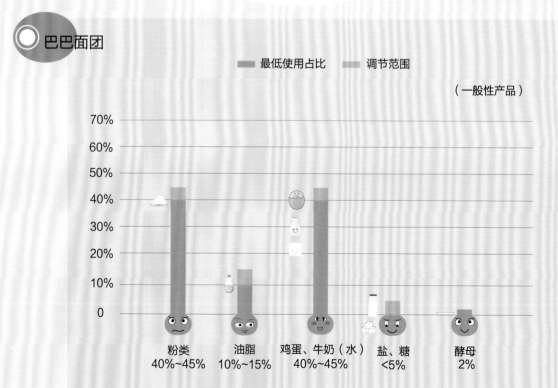

巴巴面团

■ 最低使用占比　　■ 调节范围

（一般性产品）

粉类
40%~45%

油脂
10%~15%

鸡蛋、牛奶（水）
40%~45%

盐、糖
<5%

酵母
2%

制作重点解析

1. 面粉的选择

巴巴面团制作的后期有发酵工序，酵母菌会通过繁殖产气来增加面团体积，气体的包裹依靠面筋蛋白质与水搅打形成的面筋网络结构，面粉中蛋白质越高，相同条件下形成的面筋网络结构也就越强，换言之，面团通过发酵产生的膨胀度也就越高、越好、越稳定。但是，面筋蛋白也影响成品的弹性和韧性，影响产品整体的质地感受，简单来说，低筋面粉制作的巴巴面团更接近蛋糕质地，高筋面粉制作的则更接近面包质地，可根据自己喜好选择。

干性酵母

2. 酵母的选择

酵母是一种生物膨松剂，"干"与"湿"是市售酵母的两种最常见状态，此状态与酵母菌的生产方式有直接关系。相比干酵母来说，鲜酵母的保质期很短，保存条件也比较严苛，风味更加明显和独特，使用量要大一些，使用量对应的活菌数比例大致为——鲜酵母：活性干酵母：高活性干酵母=1∶0.5∶0.3。

3. 发酵的时间与效果

不同的温度、湿度、成品体积等都会影响酵母发酵的时间，需要根据具体情况来定。一般一次发酵可增大至1~2倍。

4. 成型方式

制作巴巴面团，大多数借助模具成型。因为巴巴面糊呈糊状，在发酵过程中需要模具进行承托，否则会不成型。

鲜酵母

糖浆 巴巴面团独特的绵软质地具有极好的吸湿性，在吸收很多水分后，不会软烂影响产品外形。糖浆的制作简便、风格多变，可以赋予巴巴面团更多的可能。

巴巴面团与糖浆 巴巴面团烘烤完成后，根据形状特点和后期组合需求，可以选择不同的浸泡方式，可以切割后浸泡，也可以整体浸泡。在一定时间内浸泡吸水，再捞出，放置在网架上将多余的糖浆沥干净。

可可巴巴

　　本款产品制作添加可可粉，具有一定的风味特点，与之配套的糖浆也比较有个性。

用　　量： 直径3厘米的半球形模具，可制作48个。

适用范围： 与糖浆搭配后，可以单独食用，也可以与巧克力类相关产品组合；经过切割可以作为支撑层次或质地平衡层次。

配方

干性材料

低筋面粉	250克
可可粉	22克
盐	7克
细砂糖	18克
酵母	8克

湿性材料

全蛋	190克
牛奶	125克
黄油（熔化）	62克

材料干湿性对比

干性材料：湿性材料＝305：377

制作过程

1. 将低筋面粉、可可粉、细砂糖、盐、全蛋和酵母加入搅拌缸中，用钩状搅拌器混合搅拌均匀。
2. 分次加入牛奶，混合均匀，每加完一次需充分混合均匀，再加入下一次。
3. 加入黄油，搅拌混合均匀，将面糊装入裱花袋中。
4. 挤入直径3厘米的硅胶连模中，挤满。将模具放在烤盘上，放入醒发箱，以40℃发酵1~1.5小时。
5. 发酵完成将其放入烤箱中，以170℃烘烤15分钟。
6. 取出，用勺子逐个翻面，再次放入烤箱中，以170℃继续烘烤5分钟。
7. 取出，脱模，用刨子磨一下底部，使底部毛糙一点（将烘烤完成的巴巴面团底部刨粗糙，后期浸蘸糖浆时，更容易入味）。
8. 将可可巴巴放在网架上，室温冷却。

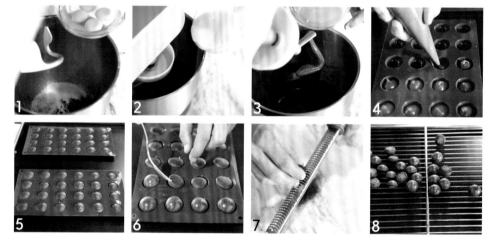

巴巴糖浆　　　　配方

水	1000克
百香果果蓉	200克
细砂糖	200克
橙子皮	1个
香草精	适量
柠檬皮	适量

制作过程

1. 将水、百香果果蓉、细砂糖、香草精、橙子皮和柠檬皮放入锅中。用保鲜膜封面，室温静置2小时左右。
2. 用滤斗将其过滤至玻璃碗中。
3. 倒入锅中，用中小火煮沸，关火。倒入可可巴巴面团，浸泡半小时左右。
4. 取出放在垫有硅胶垫的网架上，贴面盖上保鲜膜，备用。

 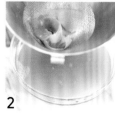  

示例产品　香蕉巴巴

组合介绍

　　本组合产品为杯装甜品，从下往上依次是香蕉果蓉、浸泡好的可可巴巴、黑巧克力奶油、可可巴巴（表面蘸一层中性淋面）。

香草巴巴

制作巴巴面团使用的粉类与后期产品的膨胀有直接关系。本款产品制作使用高筋面粉，即使干酵母量较少，通过正确的搅拌和发酵，产生的膨胀效果也是非常好的。未浸泡糖浆时，此款产品口感接近面包。搭配的糖浆风味比较强烈，但是包容性比较强，不影响此款巴巴的百搭特性。

用　　量： 直径5厘米、高3厘米的圆柱形模具，可制作24个（仅供参考）。

适用范围： 与糖浆搭配后，可以单独食用；经过切割可以作为支撑层次或质地平衡层次，是百搭基础款产品。

糖浆 ——————— 配方

水	1000克
幼砂糖	600克
肉桂条	1根
香草荚	2根
八角	2个
朗姆酒	200克

制作过程

1. 将水、幼砂糖、肉桂条、八角和香草荚放入锅中，煮至沸腾后离火，迅速倒入朗姆酒。
2. 将保鲜膜覆盖在容器表面，用小刀戳出几个洞，常温浸泡20分钟。

巴巴面糊 ——————— 配方

干性材料

高筋面粉	200克
幼砂糖	16克
盐	4克
干酵母	4克

湿性材料

水	30克
全蛋	160克
黄油	75克

材料干湿性对比

干性材料：湿性材料= 224：265

制作准备

将黄油室温软化，温度在24℃左右。

制作过程

1. 将高筋面粉、幼砂糖和干酵母放入搅拌桶中，搅拌均匀。
2. 分次加入全蛋，搅拌均匀。
3. 缓慢加入水，再加入盐搅拌混合。
4. 加入软化的黄油，低速搅拌均匀。
5. 将面团装入裱花袋中，挤入模具中至六分满，手指蘸水把模具内的面糊表面抹平。
6. 放入发酵箱中，以温度27℃、湿度70%发酵，至体积增加至原体积的1.5倍。
7. 入烤箱，以上下火180℃烘烤20分钟，脱模，再次放入烤箱中烘烤3~5分钟至表面均匀上色（时间视情况而定，烤制时要及时翻动保证上色均匀）。
8. 烤好后放凉，将蛋糕平均切成4份。
9. 将切好的蛋糕放入升温至60℃的糖浆中，浸泡至原体积的1.5倍，用网筛捞出，放在网架上沥干水分。

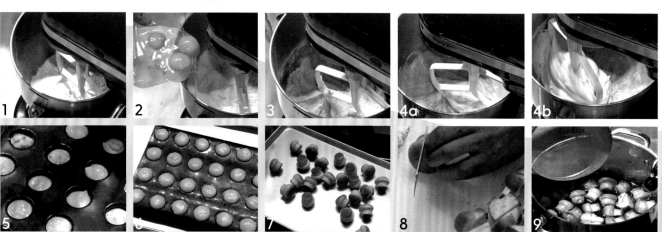

组合介绍

本组合产品为杯装甜品。从下往上依次是浸泡糖浆完成的香草巴巴、糖煮黑加仑、外交官奶油、黑加仑慕斯，表面使用锯齿裱花嘴挤裱栗子香缇奶油，外部配一个朗姆酒吸管。

青柠巴巴

巴巴面团的质地介于蛋糕和面包之间，其独特的支撑性和塑形能力可以让巴巴面团在造型上充满想象力。本款产品制作使用鲜酵母，同等重量下，鲜酵母的发酵能力要弱于即发干酵母，但是其产生的香味要比干酵母丰富一些。本次组合搭配比较有意思，可以借鉴参考。

用　　量： 直径6.5厘米、高3.5厘米的圆柱形模具，可制作24个（仅供参考）。

适用范围： 与糖浆搭配后，可以单独食用；经过切割可以作为支撑层次或质地平衡层次，是百搭基础款产品。

青柠朗姆浸泡糖浆———配方

水	750克
金黄砂糖	300克
白朗姆酒	200克
青柠（刨皮取汁使用）	3个

制作过程

1. 将水和金黄砂糖倒在锅中煮开。
2. 离火，加入青柠皮浸泡10分钟（可以使柠檬的味道充分挥发出来）。
3. 用锥形网筛将步骤2过滤到盆中，加入白朗姆酒和青柠汁拌匀，冷却至50℃左右使用。如果冷却过度，需要再加热到50℃使用。

巴巴面团———配方

干性材料

低筋面粉	195克
盐	5克
鲜酵母	11克
糖	16克

湿性材料

全蛋	135克
牛奶	90克
黄油	45克

材料干湿性对比

干性材料：湿性材料= 227：270

制作准备

1. 将黄油熔化成液态。
2. 将低筋面粉过筛。

制作过程

1. 将低筋面粉、盐、糖、鲜酵母和全蛋加入料理机中，搅拌均匀。边慢慢加入牛奶，边搅拌混合。
2. 再慢慢加入液态黄油，搅拌均匀（黄油在使用前要保持30℃的液态。搅拌完成之后不要超过35℃，否则会影响酵母的发酵），装入裱花袋中。
3. 在硅胶连模中挤入约五分满（每个约35克）的面糊，入醒发箱中，以30℃发酵1小时（至原来体积的2倍大）。
4. 取出，在模具表面铺一张油纸，再盖上一个烤盘（为了给产品定型，防止烘烤完成后变形太过），放入烤箱中，以160℃烘烤20分钟。取出脱模，再送入烤箱，以160℃继续烘烤5分钟，取出之后用圈模将产品修整下。
5. 冷却，将巴巴面团放入糖浆中（50℃），放在青柠朗姆浸泡糖浆中浸泡6分钟翻面，再浸泡10分钟，使巴巴面团整体膨胀。
6. 取出，将巴巴面团放在网架上沥干水分。

示例产品　草莓巴巴

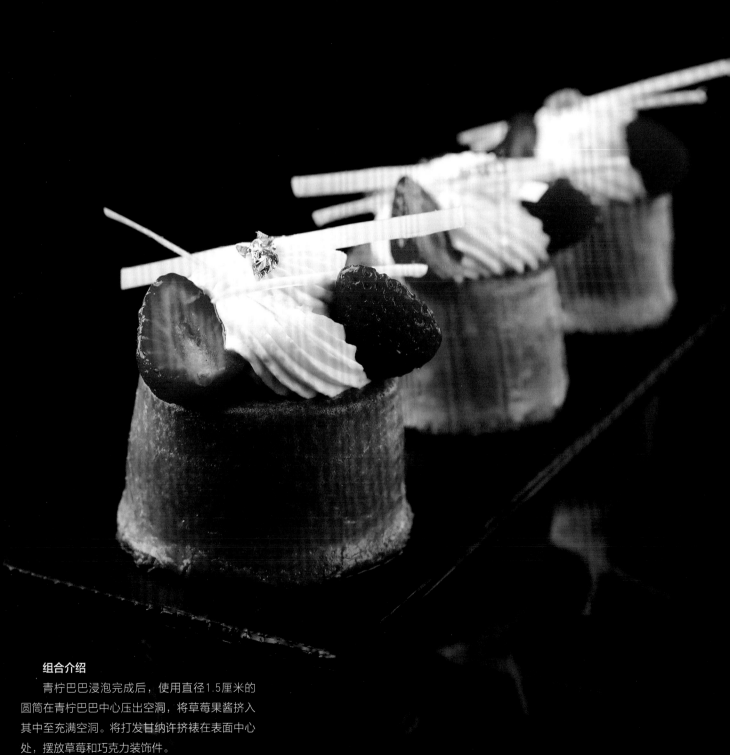

组合介绍

　　青柠巴巴浸泡完成后，使用直径1.5厘米的圆筒在青柠巴巴中心压出空洞，将草莓果酱挤入其中至充满空洞。将打发甘纳许挤裱在表面中心处，摆放草莓和巧克力装饰件。

千层面团

千层面团也称折叠酥皮、千层酥皮。特征分明，底坯颜色呈棕褐色，层次丰富，口感松脆、酥脆。

千层面团制作是通过油与面折叠的方式形成不融合的层次，后期再通过多次折叠形成多层不融合的结构类型，千层面团层次的产生依靠油脂被均匀折入层层面皮之间，经高温加热烘烤后，内部的水分转化成水蒸气，在水蒸气的压力下层与层之间逐渐分离，面皮之间的油脂将面层分开，加之水蒸气的膨发将面团撑起，从而形成肉眼可见的层次。千层面团的酥脆同样源自于高温烘烤，高温加热时油脂作为传热介质作用于面皮，从而形成特有的酥脆口感。

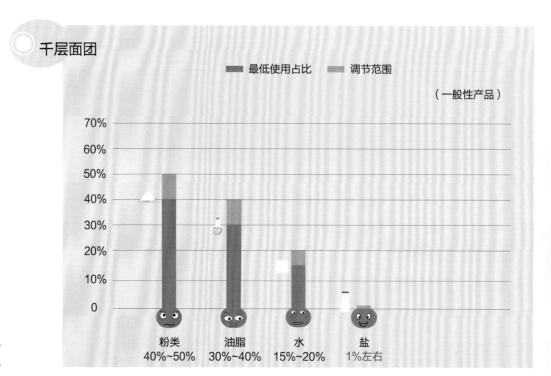

● 材料分析

干性材料占比：40%~50%。

湿性材料占比：50%~60%。

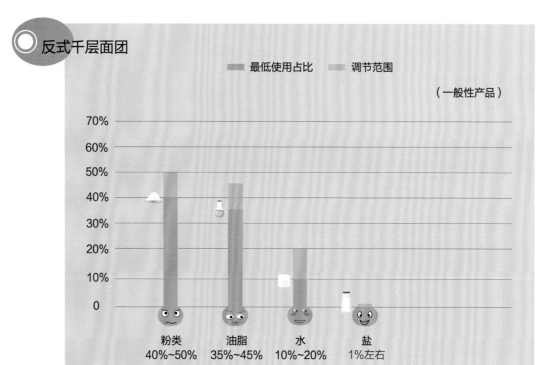

● 材料分析

干性材料占比：45%左右。

湿性材料占比：55%左右。

材料解析

制作千层面团，片状黄油是常用的一种特性材料。片状黄油属于油脂材料。

常用的油脂材料有黄油、起酥油、人造黄油等，这类油脂材料的起酥性、乳化性、可塑性、稳定性和特殊风味对千层面团制作有特殊作用，但是每一种材料的这些性质都不一样，在材料选择时，需要注意。

黄　　油：由牛奶制品加工而成的食用油脂，是一种天然动物性油脂。其熔点在35℃上下，接近人的体温，所以入口后能形成非常好的风味。其对温度较敏感，可塑性较低，较少直接用于千层面团的包入黄油，多用于千层面团的层次混合。

黄油

片状黄油：是千层面团包入用黄油，由动、植物性油脂为基础材料，再加入盐、乳化剂、香味剂、合成材料等制成的固态油脂。乳脂含量在80%以上，是一种水溶于油的乳状食用材料，有良好的可塑性。延展性较好，有助于千层面团在折叠阶段的延伸。

片状黄油

千层面团的基础制作解析

从千层面团形成的理论来看，油脂和面团之间的不融合关系是形成层次的主要原因。

在制作的初始阶段，需要先将油和面团组合起来。一般有两种方式：一种是面团包起油，即传统千层面团制作方法，俗称面包油；另一种是油包起面团，即反式千层面团制作方法，俗称油包面。

两者主动方不同，成型后面团的油面层次比会不同。

从常用的折叠方法来看，在最后成型的面团层次中，主动方（包起方）层次是被动方（被包起方）层次的1.5~2倍。

最终成型的层次比直接影响面团制作和口感。

传统千层面团对比反式千层面团

1. 传统千层面团中"面团"的层次多；反式千层面团中"油"的层次多。

2. 反式千层面团的制作难度更大，尤其是前两次折叠。因为"油"的质地要比面团硬，翻折困难。

3. 传统千层面团的口感更干一点。

常用包起方式

包起方式是指将面团和油组合起来的方式，一般常见的有三种方式。

常用包起方式一

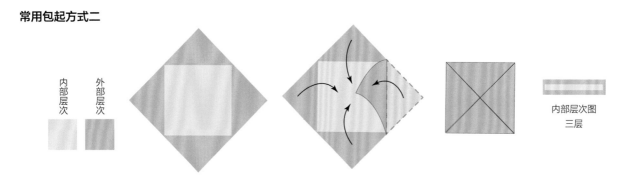

内部层次　外部层次

四等份

内部层次图
三层

成型后的面团层次比——外部层次（主动方/包起方）层次数∶内部层次（被动方/被包起方）层次数＝2∶1

常用包起方式二

内部层次　外部层次

内部层次图
三层

成型后的面团层次比——外部层次（主动方/包起方）层次数∶内部层次（被动方/被包起方）层次数＝2∶1

常用包起方式三

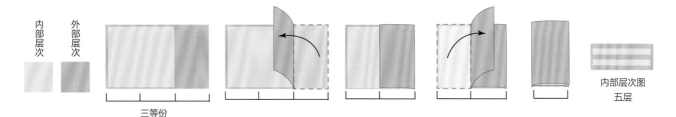

内部层次　外部层次

三等份

内部层次图
五层

成型后的面团层次比——外部层次（主动方/包起方）层次数∶内部层次（被动方/被包起方）层次数＝3∶2

不同的包起方式，两种层次的初始摆放方式是不同的，经过组合包起后，面油层数也有一定的区别。方式一与方式二的层次比相同，都是2∶1，但是包起方式不同；方式三的层次与前两者不同，形成的层次比是3∶2。

方式一的起始层数是3；方式二的起始层数是3；方式三的起始层数是5。之后经过折叠，形成的层数与起始层数是倍数关系。

以上三种方式均适用于传统千层面团，反式千层面团较常用的是方式一。

油层和面层的温度 ————

　　油层与面层混合的时候，有一定的温度要求，尤其是制作反式千层面团的时候，温度过高，会引起层次中的黄油软化，层次不成型；温度也不宜过低，黄油温度过低，层次会断裂。

常用的折叠方式 ————

　　在面团与油完成组合后，千层面团会通过反复折叠进行层次的倍次增加，通常有三倍次、四倍次，即通常说的三折、四折，每折叠一次，面油层都会倍增，多次折叠就会形成许多层次。

　　折叠形成层次的过程也称为开酥。

三折方式

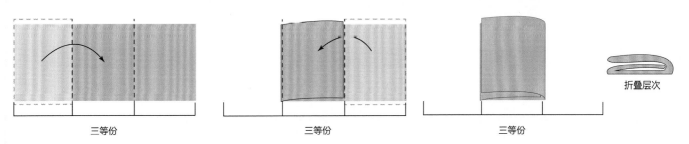

整体经过折叠后，内部油层和面层的层次变成原来的3倍。

四折方式一

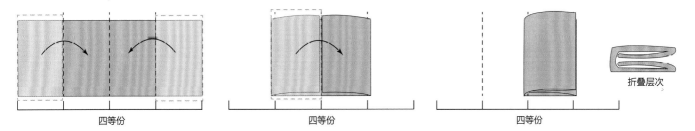

整体经过折叠后，内部油层和面层的层次变成原来的4倍。

四折方式二

八等份   八等份   八等份   折叠层次

整体经过折叠后，内部油层和面层的层次变成原来的4倍。

包起方式与折叠方式的组合

　　从包起到折叠，不同的制作和组合方式得到的层次数是不一样的，如使用包起方式一进行组合，后期经过三折、四折的顺序来制作一款传统千层。

内部层次的变化

　　折叠的次数越多，内部面油层也就越多，但并不意味着无限次折叠就一定更好。当层次越来越多，层次也就越来越薄，到达一定程度后，面油层开始模糊，会发生层次不明的状况，造成糊层。

储存技巧

　　面团经过包起和折叠（开酥）阶段后，可以直接使用，也可以长时间放于冰箱冷冻储存。储存方式多变，常用的有2种方式。

1. 块状式储存

　　在三折或四折后，面团整体呈方块状，可以直接包上保鲜膜密封，放入冰箱中冷冻储存，可储存3~6个月。使用时取出回温，即可擀压使用。

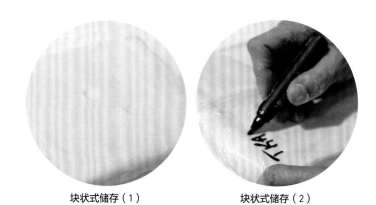

块状式储存（1）　　　　　块状式储存（2）

2. 面皮式储存

在三折或四折后，将块状面团擀压至一定的厚度，将面皮放在平坦的板上，以保鲜膜或油纸为隔离，可叠放多张面皮。之后整体包上保鲜膜密封，放入冰箱中冷冻储存，可储存3~6个月。使用时，直接拿出回温即可烘烤。

面皮式储存（1）　　　　面皮式储存（2）　　　　面皮式储存（3）

烘烤小技巧

扎孔：面皮擀压后形成一定面积的面皮，在烘烤过程中，因为内部气体往上冲造成面皮鼓起，表面不平整。面积较大的面皮建议在表面均匀地扎出孔洞，扎孔可以给面皮带来许多气孔，在烘烤时，避免气体上冲引起区域鼓起。

同时扎孔有一定的区域固定作用，烘烤时可以保证膨胀力度均匀一致。

如果面积较小的话，可以不做此操作。

扎孔

压盘的意义

烘烤可以使千层面团向上鼓胀，持续烘烤有可能使产品膨胀过度，继而引起产品变形，所以可以在产品烘烤到一定程度后，将产品拿出进行压盘固形。一般在烤盘上垫一张油纸，再盖一个网架或烤盘。

压盘可以使产品定型，不会发生过分膨胀，避免造成层次脱离严重、产品变形等现象。

除此之外，压盘的时机要选好，一般是在产品表面发生微微变色、产品整体有要定型趋势的时候。

1）如果提前压盘的话，酥皮还不稳定，内部还在持续运动，内部的油层和面层的关系还不稳定，过早压盘会导致油熔化，再被压出来，使成品口感变硬，层次干燥，分离情况明显。

2）如果过晚压盘，可能会因为层次过脆，重力之下引起碎裂，使产品变得不平整。

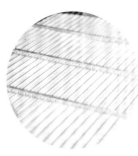 

压盘（1）　　　　　压盘（2）

延伸

烘烤完成的千层面团有很好的酥脆性，冷却完成后可以切碎当作黄油薄脆片使用，用于产品装饰，或者混合坚果酱制作冷冻型饼底。

切碎

千层面团1

本款产品制作使用了机器，起酥机可以设置一定的高度值，面团擀压之后可以达到想要的厚度，对于制作千层面团来说是一个非常简便、稳定的器械，如果没有可以使用手工擀制。包起方式使用了方式三，面油层次比是3：2，后期折叠次数较少，避免糊层。

层次比

面团层次：油层次= 815：375

千层面团整体干湿性材料对比

干性材料：湿性材料= 510：680

适用范围：可以作为支撑层次组合多种馅料（不宜过重）

包起方式：方式三

折叠方式：一次三折、一次四折

层次数：总层数为5×3×4=60层

面层为36层；油层为24层

配方

面团层次

低筋面粉	500克
盐	10克
糖粉	适量
黄油	100克
水	205克

油层次

片状黄油	375克

制作过程

1. 除片状黄油以外的所有材料都放入搅拌缸中，搅拌至成团即可（不可过长时间搅拌）。
2. 取出，用保鲜膜密封，按压平，冷冻至有一定的硬度。
3. 取出面团，放在起酥机上压成长方形面皮。
4. 将片状黄油放在面皮中间位置，用面皮包裹，用擀面杖进行一次按压，使黄油与面皮结合紧密。
5. 将面团开口朝着起酥机，入起酥机中进行擀压，调厚度至1厘米，进行三折一次。继续入起酥机，擀至1厘米，进行一次四折，用保鲜膜密封，放入冰箱冷藏松弛。
6. 取出面团，用起酥机压成厚度为5毫米的长方形面皮，在表面均匀扎孔，用保鲜膜密封冷藏松弛片刻。
7. 将面皮取出，切割出所需大小，放入垫有硅胶垫的烤盘中，入烤箱中，以185℃烘烤30分钟，烤好后取出，在表面均匀筛糖粉，冷却备用。

示例产品

千层蛋糕

组合介绍

　　将烘烤完成后的千层面团切割出所需大小，在表面挤上圆形慕斯琳奶油，放一层千层面团，再挤一层慕斯琳奶油，最后盖上一片千层面团。表面进行区域性筛粉。

千层面团2

本款产品制作中无糖加入，后期成型后，在表面撒一层糖颗粒，经过烘烤后可以增加上色度和酥脆性。烘烤完成后的千层面团可以整块用于支撑，也可以通过外力使其粉碎，类似黄油薄脆片，用于装饰。

适用范围： 可以作为支撑层次组合多种馅料（不宜过重）
包起方式： 方式一
折叠方式： 一次三折、两次四折、一次三折
层次数： 总层数为3×3×4×4×3=432层
　　　　　面层为288层；油层为144层

层次比

面团层次：油层次= 887.5：250

千层面团整体干湿性材料对比

干性材料：湿性材料= 512.5：625

配方

面团层次

中筋面粉	500克
盐	12.5克
白砂糖	适量
糖粉	适量
黄油	150克
白醋	25克
水	200克

油层次

片状黄油	250克

制作过程

1. 将中筋面粉、盐、白砂糖、糖粉放入厨师机中，慢速搅拌至材料混合均匀。再加入水、白醋搅拌至成团。加入黄油，慢速搅拌至面团表面光滑。取出面团，放入冰箱冷藏静置1小时。取出面团，用擀面杖擀开成长方形。

2. 将片状黄油放在面皮中间部位，将面皮两端向中间对折将黄油包住，用擀面杖按压表面，使两者贴合。

3. 将面皮放入起酥机中进行擀压操作，将面皮擀压至6毫米厚。

4. 进行一次三折，用保鲜膜包起面团，放入冰箱中冷藏松弛。取出用起酥机压开，再重复两次四折操作，放入冰箱中冷藏。

5. 取出面皮放在操作台上，将面皮再进行一次三折操作，用保鲜膜包起面团冷藏松弛。

6. 将面团取出放入起酥机中，擀成3毫米厚，切割面皮，如果是面积较大的面皮，需要用滚轮针在表面均匀扎孔防止面皮鼓起。可以在表面均匀撒白砂糖增加风味。入烤箱中，以180℃烘烤10分钟后取出，压烤盘定型，再放入烤箱中烘烤35分钟。烤好取出，在表面撒糖粉备用。

7. 对于小型面皮，可以不扎孔，放入烤箱中，以180℃烘烤45分钟。取出，表面筛糖粉。

8. 块状千层面团可以用于支撑组合使用；也可以切成小块状、碎屑状，用于产品的装饰。

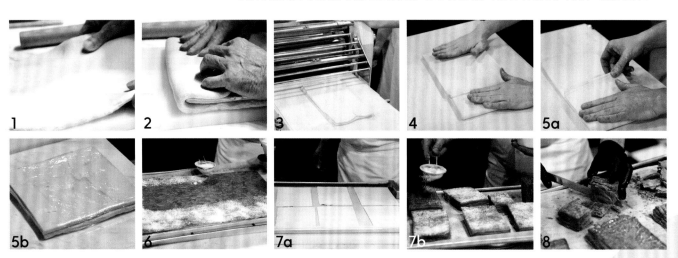

1　　2　　3　　4　　5a

5b　　6　　7a　　7b　　8

示例产品　拿破仑蛋糕

组合介绍

　　拿破仑蛋糕的基础是千层面团，以此为支撑可以组合多种馅料，示例中以块状千层面团为基础，叠加橙子慕斯琳奶油、覆盆子啫喱和香草热那亚，外层涂抹一层奶油，粘连切碎的千层面团，表面使用小块千层面团装饰。

巧克力千层面团

　　本款产品制作使用全手工制作，温度把握与力度是难点，需要注意面团的松弛。可可粉与部分黄油混合成内部油层，要避免可可粉与粉类混合增加面团搅拌的难度。

适用范围： 可以作为支撑层次组合多种馅料（不宜过重）

包起方式： 方式二

折叠方式： 6次三折

层 次 数： 总层数为3×3×3×3×3×3=729层
　　　　　　面层为486层；油层为243层

层次比

面团层次∶油层次= 405∶220

千层面团整体干湿性材料对比

干性材料∶湿性材料= 265∶360

配方

面团层次

低筋面粉	120克
高筋面粉	120克
盐	5克
黄油1	40克
水	120克

油层次

可可粉	20克
黄油2	200克

制作过程

1．将低筋面粉、高筋面粉、盐、水和黄油1混合成松散状。

2．用刮刀切拌按压成团至基本成型，揉成圆形，用刮刀在表面切十字，以保鲜膜密封，放于冰箱冷藏30分钟左右。

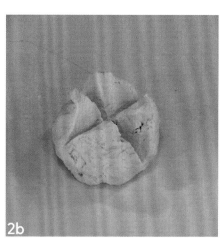

1　　2a　　2b

3. 将可可粉和黄油2混合，之后制作成片状，包上保鲜膜，冷藏至有一定硬度。

4. 将桌面撒少许手粉（配方外），将面团四角拉开形成小正方形，擀开成规整的正方形，斜向放入可可黄油片。

5. 用面团的四个角包裹住可可黄油片，将收口处收好。

6. 用擀面杖以按压的方式将面皮压长，使面皮和可可黄油片贴合。

7. 用擀面杖继续均匀用力，将其擀开成长方形，用毛刷刷去表面多余的手粉。

8. 进行两次三折，包上保鲜膜，放入冰箱中冷藏30~60分钟。

9. 将冷藏好的面皮取出，再进行四次三折，注意每次折叠时根据实际情况进行冷藏松弛。

10. 将完成六次折叠的面团擀成长方形，厚度约3毫米，切成四等份，在表面撒少许手粉，根据需要切割整形（图示为边长20厘米的正方形）。之后放入冰箱冷藏静置30分钟，取出后可用于组合烘烤等。

小贴士

1. 不要过多揉搓面团，用刮刀按压整理成团即可。

2. 如果当天不使用面团的话，完成第四次折叠后冷冻保存。

3. 配方中的面团采用六次三折的方式制作。

巧克力国王派

组合介绍

在一片边长20厘米的巧克力千层面团为中心，以螺旋绕圈的方式将杏仁奶油挤出圆形，上面铺一层蜂蜜洋梨块，完成后，再取一片同样大小的面皮盖在表面，上下捏合好，完全包裹住内部馅料，并用刀在表面划出花纹。

巧克力国王派内部图

反式千层面团

　　相比传统千层面团的制作，反式千层面团的制作难度要高一点，除了基础流程要熟练掌握外，对操作温度也有着较高的要求，组合和折叠时要注意油层和面层的温度，避免油层断裂。本次制作中用焦糖粉来装饰，使底坯上色更加浓郁。

适用范围： 可以作为支撑层次组合多种馅料（不宜过重）

包起方式： 方式一

折叠方式： 两次三折、两次四折

层 次 数： 总层数为3×3×3×4×4=432层
　　　　　　面层为144层；油层为288层

层次比

面团层次：油层次= 1760：1400

千层面团整体干湿性材料对比

干性材料：湿性材料= 1380：1780

焦糖（装饰用）———— 配方

水	160克
细砂糖	500克
葡萄糖浆	150克

制作过程

1. 将水、细砂糖加入锅中煮沸，加入葡萄糖浆，用小火加热。
2. 煮好后倒在不粘垫上，冷却凝固。
3. 将步骤2敲碎，放入粉碎机中，搅打成焦糖粉，备用。

小贴士

　　水煮沸之后加糖浆，避免返砂。

1

2a　2b

2c

3a

3b

3c

油层次 ——————— 配方

中筋面粉	400克
片状黄油	1000克

制作过程 ——————

1. 将黄油（室温）与中筋面粉一起入搅拌机中，使用扇形搅拌器搅拌成团。
2. 取出，将面团放在包面纸（保鲜膜也可以）上，包起。
3. 用擀面杖将面团擀压成一定大小的方形，放在烤盘上，入冰箱中冷藏3分钟，拿出备用。

小贴士

面团冷藏时间不可过长，否则油会裂开。

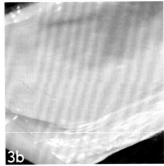

面团层次 ——————— 配方

低筋面粉	950克
盐	30克
白醋	30克
水	450克（提前放冷藏）
黄油	300克

制作过程 ——————

1. 将黄油切块，与低筋面粉、盐一起入搅拌缸中搅打至沙砾状（油与面粉先结合，可降低面粉直接与水混合的弹性）。
2. 加入冷水和白醋，搅拌成团。
3. 取出面团，用擀面杖擀平，包保鲜膜，放入冰箱中冷藏备用。

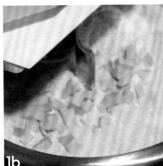

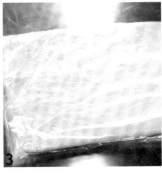

组合与折叠 ——————

1. 将油层取出（温度在12℃左右），放在油纸上，在表面撒手粉，期间不要用手直接接触面团，避免手温影响油层温度，可以用油纸带动面团移动；将冷藏好的面层取出，此时温度在8℃左右。将面层放在油层中间。
2. 用手带动油纸，将面层往中间折。

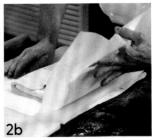

3. 完成后，将整体翻过来，在表面撒上手粉，用擀面杖垂直将油层和面层压紧、压平。

4. 用擀面杖擀压至一定长度（长度可以根据面团的状态来定，如果出现不稳定的状态，可以短一点）。

5. 在表面盖油纸，进行一次翻转，继续擀至面团呈长方形，且长宽比为3∶1。

6. 进行一次三折，可以在翻折过程中用刀修整面团，使整体呈较为规整的方形。之后，重复一次三折。

7. 将整体包上保鲜膜，放入冰箱中冷藏松弛1小时。

8. 取出，进行两次四折（期间冷藏松弛1小时）。

9. 取出，擀压至3毫米厚，在面皮表面扎出孔洞（一定要扎透）。

10. 将面皮放入烤盘中，在表面撒一层细砂糖。

11. 入烤箱，以180℃烘烤，直至膨胀（约10分钟），取出，在酥皮表面放上油纸，压一个烤盘继续烘烤30分钟左右。

12. 取出，翻转，筛上焦糖粉，入烤箱继续烤制几分钟至表面上色即可。

储存： 将面皮擀开后可以切割，放在烤盘的背面，每两层面皮之间放一层保鲜膜或油纸，最后整体包上保鲜膜，放入冰箱中冷藏即可。

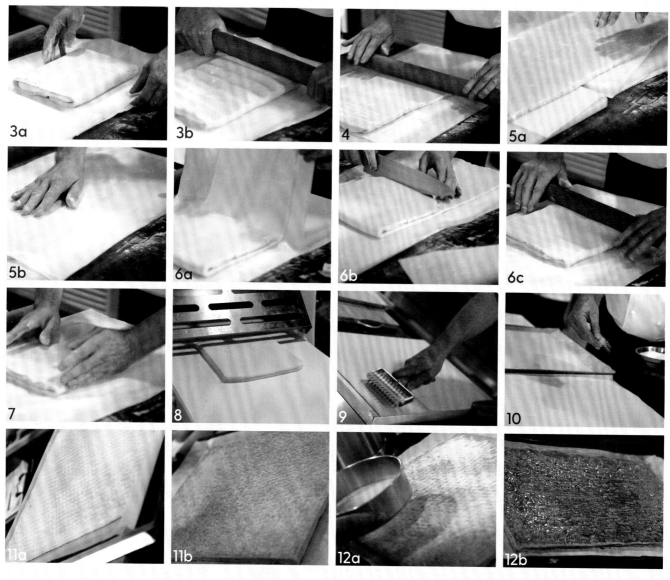

示例产品 拿破仑蛋糕

组合介绍
　　以反式干层面团为基础支撑层次，叠加外交官奶油，表面使用圣安娜花嘴将外交官奶油挤裱出造型即可。

BAKERY & CATERING

|烘焙|咖啡茶饮|糖艺西点|中餐|西餐|

烘焙餐饮产业学院·
教学一体化定制

为各大院校提供烘焙餐饮专业教学一体化定制服务，包含烘焙、咖啡茶饮、糖艺西点、中餐、西餐等方向的专业课程标准、教学大纲、教案、教材、教学 PPT、教学视频设计以及师资培训等。

咨询：张老师（苏州王森咨询服务有限公司） 13812672145（微信同号）